S. 1190.

ŒNOLOGIE
OU
DISCOURS

Sur la meilleure méthode de faire le Vin & de cultiver la Vigne.

ŒNOLOGIE
OU
DISCOURS

Sur la meilleure méthode de faire le Vin & de cultiver la Vigne.

Par l'Auteur du Traité de la Mouture Économique.

Vitis ament alii succum, cultura docentem me juvat.

par M. Beguillet, Avocat

A DIJON,

Chez { CAPEL Libraire Place St. Jean.
ED ME BIDAULT Libraire au Palais.

De l'Imprimerie de DEFAY. 1770.
Avec Approbation & Permission.

PREFACE.

A MONSEIGNEUR LE COMTE DE S. FLORENTIN,
MINISTRE
ET SECRÉTAIRE D'ÉTAT.

Monseigneur,

Le véritable éloge des bons Ministres, consiste dans l'amour & la reconnoissance de tous les Sujets. Les louanges d'une Epître dédicatoire, quelque délicatement qu'elles soient tournées, seroient infiniment au dessous de l'hommage des cœurs, qui est le seul prix de la bienfaisance.

Vous jouissez de ce prix, MONSEIGNEUR, depuis un si long

tems, que je suis dispensé d'entrer dans le détail des qualités qui vous l'ont mérité.

Mon objet en vous dédiant cet Essai sur un Art utile & trop livré aux fausses lueurs d'une routine incertaine & mal dirigée, est de vous intéresser en sa faveur.

Ceux qui cultivent la Vigne sans gouter de son fruit, semblables aux Esclaves qui tirent l'or des mines, sont la portion la plus malheureuse des François ; leur misere est encore aggravée par l'ignorance des principes d'une culture qui seroit beaucoup plus fructueuse si ces principes étoient mieux connus.

Il en est de même de l'art de faire le Vin : l'on y réussit rarement sans une théorie appuyée sur des connoissances chimiques, & sur des essais constatés par l'expérience. Cette Liqueur précieuse, qui fait la matiere d'une exportation utile, aide en même tems à acquitter la majeure partie des charges de l'Etat, par les Droits imposés sur sa consommation intérieure ; mais plus fragile que le verre destiné à la contenir, mille périls la menacent de destruction, si le Propriétaire ignore les moyens de la conserver.

Il seroit peut-être à souhaiter que l'on établît dans toutes les Provinces où sont les vignobles les plus renommés, des Sociétés d'Agriculture, spécialement destinées à étudier les meilleures méthodes de cultiver la Vigne & de faire les Vins rélativement à chaque lieu. C'est en fixant l'étude & les recherches des Sçavans, sur des objets déterminés, qu'on parviendroit peut-être à rendre plus avantageux au Public, ces beaux établissemens, qui font tant d'honneur au siécle de Louis le Bien Aimé.

La Bourgogne qui ne possede rien en ce genre, joindroit cette obligation à tant d'autres qu'elle vous a, MONSEIGNEUR, si vous lui procuriez l'avantage d'une Société uniquement livrée à éclairer la théorie d'une culture qui l'intéresse plus que le reste du Royaume : ce ne seroit pas le moindre de vos bienfaits.

Puisque vous avez daigné, MONSEIGNEUR, jetter un coup d'œil d'indulgence sur mon travail, cette faveur, en m'excitant à mieux faire, encouragera en même tems des Phisiciens plus instruits que moi, & des Cultivateurs plus éclairés, à donner au Public des recherches plus heureuses sur l'Art du Vigneron, le plus important de tous, après celui du Laboureur, & qui contribue peut-être encore plus à augmenter la masse de nos richesses.

Je suis avec le plus profond respect,

MONSEIGNEUR,

Votre très-humble & très-obéissant serviteur,

B✶✶✶

Avocat au Parlement, de la Société d'Agriculture de Lyon, de la Société Royale des Sciences & des Arts de la Ville de Metz.

PRÉFACE.

L'Homme qui travaille, & le Magiſtrat qui gouverne, ont un beſoin continuel de l'homme qui penſe : le premier, ſans théorie, ne ſuit que les régles incertaines d'une aveugle routine ; & l'autre, ſans principes ni connoiſſance des Arts, accablé par les détails de forme & de moyens, perd de vue l'objet capital de ſon devoir, qui conſiſte à rendre les Sujets heureux.

C'eſt principalement en matiere d'agriculture & d'économie politique, que cette vérité ſe manifeſte dans tout ſon jour. Une Société de Philoſophes éclairés, uniquement livrée à l'étude de la ſcience économique, s'attache avec aſſiduité & ſans relâche, à former un *corps de doctrine* déterminé & complet, qui expoſe avec évidence, *le droit naturel* des hommes, *l'ordre naturel* de la ſo-

a

PREFACE.

ciété, & *les loix naturelles* les plus avantageuses possibles aux hommes réunis en société. Voyez le Tableau Economique, les Eléments de la Philosophie Rurale, la Physiocratie, & tant d'autres excellents ouvrages que nous devons au Patriotisme de ces *Philantropes*.

D'un autre côté, les Physiciens, les Chimistes, les Naturalistes, les Botanistes, les Observateurs, les Sociétés d'Agriculture, & même les Académies & les Sociétés Littéraires, tout le monde en un mot, concourt à éclairer les pratiques de l'Agriculture, dont l'étude est aussi curieuse qu'amusante, & fait aujourd'hui les délices de la plupart des gens instruits.

A n'envisager l'Agriculture que du côté de sa nécessité pour la subsistance de l'homme, c'est, sans contredit, la plus noble de ses occupations, & le plus digne objet des recherches de ceux qui peuvent dé-

PRÉFACE.

rober en sa faveur, quelques heures de délassement & de loisir aux devoirs de leur état. Cette matiere est d'une si grande utilité, qu'on ne peut trop multiplier les livres & les ouvrages qui en traitent, ni trop insister sur la répétition des mêmes idées, lorsqu'elles peuvent contribuer au bonheur de l'humanité. Ce louable motif met à l'abri de tout reproche, l'Ecrivain qui en est animé; on lui pardonne même son style & la médiocrité de son ouvrage, en ne le considérant que comme un recueil où l'on peut trouver quelques observations utiles.

Si l'agriculture & les fruits qu'on en tire, sont indispensables pour le soutien de la vie & le bonheur des hommes, heureux les mortels qui ont l'avantage d'habiter un Pays où la nature & le terrein dociles ne refusent rien à leurs travaux, & peuvent rassembler, comme dans un nouveau *jardin d'Eden*, toutes les productions de l'univers : heureux, en un mot, les François & les Souverains qui les gouvernent, s'ils peuvent se persuader que cette terre de promission, ce Pays chéri & désiré, propre à toutes les productions de nécessité comme de luxe, c'est la France.

Qu'on lise l'excellent Essai de Mr. Melon, & surtout l'admirable Chapitre intitulé *Principes*, on y verra au doigt & à l'œil, quel est l'avantage que possède la France sur tous les autres Pays, soit par sa position avantageuse au centre de l'Europe & sur les deux Mers, soit par le nombre de ses Habitans, soit par l'excellence de son terroir, & la douceur de son climat tempéré, qui la rendent également propre aux denrées de *premiere nécessité*, comme les grains, les boissons, *de nécessité secondaire*, comme les eaux-de-vie, les huiles, le sel, la toile, les laines, &c. *& de nécessité de*

PRÉFACE.

luxe, comme la foie, le tabac, &c. furtout fi l'on met en confidération l'induftrie de fes peuples, les plus propres à fe plier à tout ce que l'on veut.

Dans l'ingénieufe fuppofition que fait cet Auteur de trois Ifles voifines, celle qui produit des Bleds & du Vin, foumettroit les autres par la feule force de fes denrées : les climats qui produifent l'or & l'argent, font en effet bien plus pauvres que les Pays agricoles, parce que la force d'un Pays vient de fa plus grande quantité *de denrées de premiere néceffité* ; l'or & l'argent qui n'en font que le gage, n'y fuppléent qu'autant que ces denrées abondent ; aulieu que ces métaux, l'objet de la cupidité & la fource de tous nos maux, peuvent être aifément remplacés par des représentations arbitraires, comme des billets d'état & de monnoie, ou d'autres signes qui auroient cours dans le commerce. (*)

Les bleds & les boissons sont donc la base de la population, du commerce & de la puissance des états, parce qu'ils sont le soutien nécessaire de la vie de l'homme, & la cause unique de leur grande multiplication. Par une conséquence nécessaire, l'Agriculture dans toutes ses branches, doit être le premier objet du Législateur, dans un Pays agricole

---

(*) Voyez l'ouvrage de Mr. Locke, sur la réduction des rentes & l'augmentation de la valeur des especes; & l'excellent Essai sur les monnoies, par Mr. Dupré de Saint Maur.

Les vrais biens de la vie sont les denrées, & la Vigne est une mine particuliere à la France, préférable sans doute à celles de l'Amérique, qui échangeroit, sans balancer, ses richesses métalliques contre cette plante précieuse. Ecoutons le Poëte.

Tantum ne gallia munus
Sperne ; latet cœcis argenti copia venis
Æris que chalybis que latent aurique metalla ;
Parcite sed baccho loca commoda parcite cives.
Destruere & tectas irritamenta malorum
Divitias ferro sub eisdem quarere terris,
Queis auro melior vita solamen amara,
Exoritur contra curas & tædia vitis.

PRÉFACE.

& fertile ; mais que sert la fertilité du sol, si les cultivateurs sont ignorants ; & d'un autre côté, à quoi leur serviroit l'instruction & la science, s'ils sont privés des moyens de mettre leurs terres en valeur, si la misere les chasse des campagnes, & si les douceurs attachées à l'exercice des arts de luxe, les attirent dans les Villes. Il faut donc joindre à la fertilité du sol, les lumiéres de l'instruction, & les secours d'une législation favorable. Tel est l'objet de cette Préface.

En général les Cultivateurs ni les Vignerons ne sont point assez instruits ; aucun d'eux n'est assez Physicien pour se diriger dans la pratique de leur art, ni assez Botaniste pour connoître les plantes qu'il cultive, leurs especes & celles dont la culture pourroit leur être plus profitable : quoiqu'en disent certains Auteurs, il s'en faut beaucoup qu'ils ayent toute la théorie nécessaire pour exercer leur Art sublime. On peut lire ce que j'ai dit à ce sujet dans ma Dissertation latine, *sur les principes de l'Agriculture & de la végétation, & sur les causes physiques de l'assollement des terres en Bourgogne*, dédiée à l'Académie de Dijon.

En tout, avant de recueillir, il faut semer ; les hommes sont des plantes dont on ne doit espérer ni fleurs ni fruits, lorsqu'on les laisse sans culture : Cicéron l'a dit avant moi, en plus beaux termes. *Nam ut ager quamvis fertilis sine culturâ fructuosus esse non potest, sic sine doctrina animus.*

Dans l'établissement des Ecoles fondées pour l'instruction des hommes, on a pris le contre-pied, & l'on s'est éloigné de la route que le bon sens indiquoit pour rendre ces établissements utiles.

L'étude des hautes sciences, celle de l'histoire, de la Poësie, la connoissance de la littérature & des langues, doivent être réservées pour le petit

PREFACE.

nombre de ceux qu'une fortune aisée dispense d'un travail manuel & journalier ; encore dans ce petit nombre, combien peu en est-il qui atteignent *le but* qu'on s'est proposé en fondant ces Ecoles gratuites des hautes sciences, qui est d'en rendre l'application & l'usage utiles à la société. Combien d'autres ne retirent de la fréquentation de ces Ecoles, que l'horreur de l'étude, & le dégout du travail, ou le pédantisme d'un esprit superficiel, enorgueilli de vaines & inutiles connoissances.

Le grand nombre dans la société, est celui de ces hommes qui n'ont d'autres richesses que leurs bras, ou de ces cultivateurs respectables, qui nourrissent avec quelques journaux de terres, une famille nombreuse & plusieurs Domestiques. Ce sont ces deux classes d'hommes, qui fournissent les Soldats, les Artistes, les Commerçants & tous les hommes utiles à l'Etat ; ce sont par conséquent eux qu'il faut instruire, c'est à leur portée qu'il faut fonder *des Ecoles gratuites*, où leurs enfants puissent apprendre pendant leur jeunesse, les principes & la théorie de ces Arts utiles, qui doivent un jour subvenir à leurs besoins, & à ceux de la famille dont ils seront les chefs.

C'est sur-tout dans la science sublime de l'Agriculture, & dans celle qui y sont relatives, comme l'étude de l'Histoire Naturelle, celle de la connoissance des terres & des corps fossiles qui peuvent les améliorer, la Botanique, la Chimie, &c. qu'il faut instruire l'homme, puisque, d'un côté, sa vie & son aisance en dépendent ; & que de l'autre, la gloire, la richesse de l'Etat, sa population & sa puissance sont fondés sur la même baze. Assez & trop long-temps, les connoissances frivoles & les Arts futils ont-ils été en vogue parmi nous : on voit encore par-tout, des Ecoles publiques, pour apprendre les langues, la Poësie, la Mythologie, la Rhétorique, la Philosophie systématique, l'Algebre, la Géometrie de l'infini, la Théologie scholastique, &c. Les Arts inutiles ou de pur agrément, comme la Musique, la Danse, la Déclamation, le Spectacle, la Peinture, &c. sont cultivés avec le plus grand soin, & trouvent par-tout des Maîtres, des secours & des éloges: la Littérature & les belles Lettres, ont des Temples & des adorateurs dans presque toutes nos Villes, & l'on n'en voit aucune où il y ait des *Ecoles gratuites* d'Agriculture & des Arts utiles qui fraternisent avec elle, comme la meûnerie, la boulangerie, &c. On doit cependant présumer que nous jouirons un jour de cet avantage.

Il étoit en effet réservé à *Louis le bien-Aimé*, (titre le plus flatteur que des sujets reconnoissants puissent donner à leur Souverain,) de sentir la nécessité & l'importance de l'instruction gratuite, sur des objets si essentiels. La fondation de l'Ecole Militaire, celles des Ecoles de Desseins illustreront son regne ; *mais l'établissement des Sociétés Royales d'Agriculture, celui de l'Ecole vétérinaire, celui de la mouture économique dans les Provinces*, &c. le rendront à jamais mémorable dans les fastes de la Monarchie Françoise. Le nom des Ministres éclairés, qui ont sollicité la bien-faisance de leurs Maîtres, pour de si beaux établissements, & qui les prennent sous leur protection, se perpétura d'âge en âge, il vivra dans l'Histoire ; nos neveux en jouissant de ces bienfaits, se rappelleront avec tendresse, la mémoire *du Ministre qui eut le département de l'Agriculture, sous Louis le bien-Aimé* : sa modestie m'empêche de le nommer ; mais les Cultivateurs n'oublieront jamais que c'est à lui qu'ils doivent l'instruction, les secours & les faveurs qu'on s'empresse à l'envy de leur prodiguer, la

PREFACE.

conservation de leurs troupeaux par l'établissement des Ecoles vétérinaires à Lyon & à Alfort, (*) le retour des richesses dans les mains qui les ont fait naître par la liberté du commerce des grains, l'augmentation du produit des terres a

---

(*) C'est principalement dans l'établissement des Ecoles vétérinaires, que brille la sagesse des vues du gouvernement. Accroître les connoissances des hommes sur les animaux compagnons de leurs travaux & de leur culture, c'est multiplier leur ressource & doubler leurs richesses : aussi l'Art vétérinaire étoit fort considéré chez les anciens, & il étoit exercé par les Médecins, dont la science profonde embrassoit tout le regne animal. On peut voir dans les Livres de Caton, de Varron, de Columelle & de Pline, jusqu'où les anciens avoient porté la connoissance de cet Art. La chute de l'empire Romain entraîna celle de toutes les sciences; & ce n'est que de nos jours, que le célèbre Mr. Bourgelat a créé, pour ainsi dire, l'Hippiatrique & l'Art vétérinaire. Les progrès que les Eleves ont fait en si peu de temps dans les deux Ecoles établies à Lyon & à Alfort, prouvent sans réplique, l'utilité de l'instruction dans les dernieres classes du peuple, & le secours que les Provinces retirent journellement de ces Ecoles, pour garantir leurs bestiaux des maladies contagieuses, a dédommagé amplement le ministere des dépenses qu'il a été obligé de faire pour ces beaux établissements, dont l'avantage se fera encore mieux sentir par la suite,

grain par la *mouture économique*, qui nous ouvrira une nouvelle branche d'exportation par le commerce des farines, infiniment plus avantageux que celui des bleds en nature, (*) & la connoissance de tous les biens

---

Le bien qu'a opéré l'Ecole de Lyon, a pénétré jusques dans les Provinces voisines, en causant le rétablissement des Haras en Bourgogne, où l'on s'occupe essentiellement des moyens de rétablir les especes dégénérées de nos bestiaux : peut-être aurons-nous quelque jour la satisfaction de voir une Ecole vétérinaire dans cette Province.

(*) Voyez ce que j'ai dit à ce sujet, dans ma Dissertation Latine page 29 citée plus haut, & dans un petit Mémoire que j'ai donné aux derniers Etats de Bourgogne, sur les avantages de la mouture économique & du commerce des farines. Cette matiere sera amplement discutée dans mon grand *Traité de la mouture économique*, qu'on imprime actuellement par ordre du Gouvernement : on y verra dans le plus grand détail, tout ce qui concerne la connoissance générale & particuliere des grains & de leurs différentes especes, les maladies des bleds, l'histoire des insectes qui les rongent, les moyens d'y rémedier, l'art de les conserver dans des greniers d'abondance, les moyens qu'emploie pour cet effet le peuple le plus industrieux de l'univers, *& le meilleur emploi des grains par la mouture économique*. Toutes les machines sont gravées par les meilleurs Maîtres, & concourreront à rendre cet ouvrage digne du Ministre bienfaisant, auquel il doit sa naissance.

PRÉFACE.

que la terre enferme en son sein, par la publication des *Cartes minéralogiques* de France, que l'on dresse par ses ordres. Heureux les Rois, heureux les peuples qui ont de tels Ministres ! Heureux les Ministres éclairés, qui peuvent se décharger de ces soins importants, sur ceux qu'ils ont sçû si bien choisir pour remplir leurs vues bienfaisantes.

Mais depuis que l'on s'occupe du rétablissement de l'Agriculture, on n'a en encore rien dit ni rien fait en faveur de la Vigne & des Vins ; on semble oublier que les Vins & les Eaux-de-vie sont la principale richesse des François, & la branche la plus fructueuse de notre commerce avec l'étranger.

S'il est vrai que la population soit le plus grand bien des Etats, & le fondement de leurs richesses & de leur puissance, comme l'a si bien démontré l'illustre Ami des Hommes, c'est une conséquence nécessaire qu'il est de l'intérêt du Gouvernement, d'encourager la culture de la Vigne, par tous les moyens possibles, parce qu'elle se fait à bras, & qu'elle emploie un plus grand nombre d'hommes endurcis aux fatigues de la terre, que toutes les autres cultures ensemble.

Cette vérité politique, est en même temps une vérité de fait. L'immortel Auteur de l'Esprit des Loix, observe, liv. 23. ch. 14. qu'on s'est souvent plaint en Angleterre, que l'augmentation des pâturages diminuoit le nombre des Habitants, tandis qu'en France la grande quantité des vignobles y est une des principales causes de la multitude des hommes.

Quelle faveur un Gouvernement éclairé, ne doit-il donc pas accorder à la Vigne, puisqu'elle augmente la population, & par conséquent la consommation des bleds, dont elle soutient la culture, sans qu'il paroisse qu'elle doive beaucoup leur nuire,

puisque

puisque la Vigne vient mieux sur des coteaux arides & inutiles à toute autre production, & que le Vin qu'on y fait, est infiniment supérieur à celui qui vient dans les plaines & sur les terres à grains.

Non omnis fert omnia tellus ;
Densa magis Cereri, rarissima quæque
    Lyæo ,
Congruit.

Si le motif de l'augmentation des hommes, ausquels la Vigne doit fournir du travail & de l'emploi, doit faire encourager sa culture, l'augmentation du commerce & des richesses qu'elle attire est encore un motif plus puissant pour rendre sa culture privilégiée, & pour encourager les Citoyens à étudier *l'art de faire le Vin*, qui est presque inconnu parmi nous.

Dans la distribution des biens, le Maître de la nature en donne à chaque Pays qui lui sont propres ; c'est là que tous les Peuples qui veulent en faire usage, sont obligés d'aller se pourvoir par des échanges, ou avec de l'or. C'est donc aux Gouvernements sages & éclairés, à en profiter, & à mettre dans toute leur valeur, les biens particuliers aux climats des Pays de leur domination. Les Hollandois, par exemple, gardent pour eux la culture de la canelle, du girofle, des muscades & autres épiceries, l'exportation des semences en est défendue, sous peine de mort: si les Habitants de l'Arabie heureuse, eussent empêché le transport des semences fraiches de Caffé, au Cap de bonne espérance, d'où il s'est répandu en Amérique, ils eussent conservé le commerce exclusif de cette denrée. Le bois de campêche & l'hœmatoxylon, qui ne viennent que dans les Pays sujets à la domination de l'Espagne, ont excité la jalousie des Anglois, au point de leur faire entreprendre des guerres sanglantes, pour se procurer les moyens de pouvoir établir la cul-

PREFACE. xix

ture de ces bois dans leurs Colonies.

La France n'a point de ces denrées uniques, dont le commerce lui soit exclusivement réservé ; mais la bonté de son sol & la température de son climat donnent à ses productions, surtout celles qui sont de premiere nécessité, un degré de bonté, qui les fera toujours préférer à celles de tous les autres Pays ; le sel, par exemple, sans être corrosif comme celui des Pays méridionaux, ni mat, insipide & terreux comme celui des Pays plus froids, acquiert en France un degré de salubrité qui en rendroit l'usage universel & indispensable aux autres nations, si l'exhorbitante cherté de cette denrée, ne forçoit les peuples à préférer celui des autres Pays, quoique plus mauvais. Le nôtre nourrit la chair & le poisson ; celui d'Espagne & de Portugal, les corrode ; & si le débit du sel étoit libre en France, le commerce de la salaison des viandes & des poissons, si utile à la consommation du petit peuple, y centupleroit.

On sçait que le Cardinal de Richelieu, ce Précurseur du beau siécle de Louis XIV. & qui en est peut-être la seule cause, regardoit d'après les meilleurs Financiers, le sel comme un moyen infaillible de relever la France dans les crises les plus violentes, & comme une derniere ressource de l'Etat obéré, *ultimum remedium*. Il égale dans son Testament politique, le seul impôt du sel sur les marais salans aux Indes du Roi d'Espagne.

Ce que ce fameux Ministre pensoit sur le commerce du sel, se pourroit assurer avec bien plus de fondement, de nos Vins & de nos Eaux-de-vie. Excepté l'Artois, une partie de la Picardie, la Normandie, la Bretagne, & quelques autres Provinces vers l'Allemagne, toutes les autres ont du Vin en abondance, dont une partie

PRÉFACE.

sert à faire cette bonne Eau-de-vie si fort recherchée des étrangers, & d'excellents Vinaigres. Nos Vins de France ont cette qualité, qu'ils sont les seuls propres à la nourriture & à la boisson ordinaire de l'homme : ceux des autres Pays, sont trop forts, trop fumeux ou trop liquoreux ; ils ne sont bons que pour flatter le goût sur la fin des repas, aulieu que les Vins François sont également sains & agréables à boire, quand ils sont bien faits.

Mais ceci doit s'entendre principalement des Vins de Bourgogne ; la température du climat de cette Province également éloignée de l'équateur & des poles, donne ce juste mélange des phlegmes, des sels, des huiles & des esprits, en un mot, cette seve propre à faire une boisson salubre, qui est d'un usage aussi journalier, & presque aussi indispensable que le pain au soutien de la vie des hommes. Erasme ne pouvoit s'en passer, car il dit, *Epit. 38. Liv. 20.* qu'il se plairoit fort à Constance, si les Vins de ce Pays n'étoient contraires à la santé ; il ajoute qu'il a eu le bonheur d'y trouver du Vin de Bourgogne pour se rétablir, & qu'il compte venir se fixer dans cette Province, à cause de l'excellence & de la salubrité de ses Vins, amis de l'homme & de la santé.

Le même Auteur attaqué du Calcul, attribue sa guérison au Bourgogne, & en fait encore un éloge pompeux dans sa *Lettre 6. Liv. 23.* où il se plaint des Vins verds de l'Allemagne & du Rhin, autant nuisibles à l'estomac, que peu gracieux au goût, en un seul mot, boisson vraiement digne des hérétiques : aulieu que le Vin de Bourgogne est agréable, salubre & nourrissant. O ! heureuse Bourgogne, à ce seul titre, (s'écrie-t-il dans son enthousiasme Bachique,) elle mérite à juste titre d'être appellée la mere & la nourrice du genre-hu-

PREFACE. xxiij

main, puisqu'elle porte dans son sein une liqueur aussi utile à la vie, que le lait des mammelles l'est pour les enfants. Il n'est pas surprenant que les anciens aient honoré comme des Dieux, ceux qui ont fait quelque découverte utile au genre humain : celui qui a cultivé le premier la Vigne en Bourgogne, & qui a procuré aux hommes l'usage de ce nectar, leur a fait un présent aussi cher que la vie. (*)

C'est sans doute par cette raison, que l'illustre Médecin préposé pour veiller à la santé d'un de nos plus

---

(*) *Ubi reditum est Basileam visum est gustare Vinum Burgundiacum, quod mihi donarat decanus : primo gustu non admodum ad lubescebat palato cæterum nox arguebat indolem Vini, sic enim subita recreatus est stomachus ut mihi viderer renatus in alium hominem. Atque ego sane semper imputaram malum hoc (calculi) Vinis quibusdam quæ pleraque cum cruda, acria, & ob hoc inimica stomacho sint tamen facile penetrant in renes eoque crudam materiam secum deferunt. Ad hæc quasi per se parum sint in felicia malis pharmacis viciant, calce, alumine, resina, sulphure, sale ; nam aqua quam largiter addunt minimum est malorum. Quid mul-*

grands Rois, avoit préféré, pour l'ordinaire de Louis XIV. le Vin de Bourgogne sur tous les autres Vins de l'univers, parce qu'il est le plus propre à rétablir la santé des convalescents, à nourrir les foibles & les vieillards, en augmentant leur chaleur naturelle. Le juste mélange de ses parties, fait qu'il se clarifie le plutôt, & qu'il est le premier potable de tous les Vins, comme on en peut juger par les vignobles de Beaune, dont les Vins se boivent à la premiere feuille. Le Bourgogne est le plus familier des Vins pour les tables ; il s'attache plus étroitement aux aliments, à cause de ses parties rameuses qui en font un Vin corsé sans être lourd

&

---

tis ? Pleraque digna sunt quæ bibantur ab hereticis. . . . . . O felicem vel hoc nomine Burgundiam, planeque dignam quæ mater hominum dicatur postea quam tale lac habet in uberibus. Non mirum si prisci mortales pro Diis colebant quorum industria magna quapiam utilitas addita est vitæ mortalium. Hoc Vinum qui monstravit, qui dedit, quanquam monstrasse sat erat, nonne vitam dedit verius quam Vinum, &c.

PRÉFACE.

& épais, & étant distribué avec eux dans toutes les parties du corps, il se convertit dans un sang louable & bien conditionné, sans faire encourir le danger d'aucune maladie. Tous les Peuples, & jusqu'aux Italiens eux-mêmes, préferent pour l'usage ordinaire des tables, le Bourgogne aux excellents Vins qui croissent dans leur Pays. (*)

Je devois cet éloge en passant aux Vins de ma Patrie, auxquels je destine un ouvrage particulier, si cet essai est bien reçû. Mr. Bidet dans son Traité de la Vigne, revû, corrigé & augmenté par Mr. Duhamel, semble n'avoir composé cet ouvrage

---

(*) Le célébre Avocat Goldoni, ce Moliere Italien, dans sa charmante Comédie intitulée *la Locandiera*, fait dire à *Mirandolina*.

Bravissimo; il Vino di Borgogna é prezioso: secondo me, per pasteggiare é il miglior Vino che si possa bere.

Caval. *Voi siete di buon gusto in tutto..... un bicchierino al Marchese.*

March. *Non tanto piccolo il Bicchierino, il Borgogna non é licore, per giudicarne bisogna bever à sufficenza.*

que pour décrier les Vins de Bourgogne ; comme il est Champenois, les Vins de Champagne sont à son avis, les premiers Vins de l'univers ; il n'accorde pas même la seconde place aux Vins de Bourgogne, & ne dit pas un mot des vignobles de cette Province, quoiqu'il traite de tous les autres : jaloux de la réputation de nos Vins & de la préférence qu'on leur donne sur ceux de son Pays, son plan est tout formé de dépriser les Vins de Bourgogne, & de les faire regarder comme dangéreux, pour donner de la vogue à ceux de Champagne : semblable à l'envieux qui maigrit à la vue de l'abondance & de la prospérité d'autrui.

Invidus altérius macrescit rebus opimis ;
Laudat venales quas vult extrudere merces.

Aucun Bourguignon n'avoit encore demandé raison de cette injustice;

mais j'espere mettre sous les yeux du Public, les piéces du fameux Procès entre le Vin de Bourgogne & le Vin de Champagne, pour le laisser maître de prononcer deffinitivement, & je reviens au but de cette Préface, dont je m'étois écarté.

En général, ce n'est qu'en France où se trouve ce juste milieu, propre à faire du fruit de la Vigne une boisson salutaire ; je n'en excepterois pas même les vignobles de l'Isle de France, de la Picardie, du Pays Messin & de la Lorraine, si l'on y étudioit les vrais principes de *l'art de faire le Vin & de cultiver la Vigne*, dont je vais donner la théorie dans cet Essai. La température de la France semble la rendre particulierement propre à la culture de la Vigne ; les Vins des Pays chauds sont épais, grossiers, liquoreux ; ceux des Pays froids sont aqueux, verds, acides ou acerbes, par défaut de maturité, &c.

Il en est de même des Eaux-de-vie

qu'on fait de nos Vins françois; elles font beaucoup plus délicieuses & plus saines que celles qui se font avec les autres Vins de l'Europe; elles ont même cela de particulier, qu'elles sont bien meilleures lorsqu'elles proviennent de nos petits Vins, ce qui est remarquable dans celles de la Rochelle, de l'Isle de Rhé, de Nantes, &c. Les Eaux-de-vie des Pays, autres que la France, sont trop violentes & trop fortes; les nôtres sont, ainsi que nos Vins, d'un usage indispensable aux peuples du Nord, & pour le commerce de l'Afrique. Les Anglois & les Hollandois ont souvent tâché de nous ôter le débit de ces denrées, & d'en dégouter leurs Peuples, en réitérant les deffenses de tirer de nos Vins & de nos Eaux-de-vie. Ils établirent même autrefois des Manufactures d'Eau-de-vie de grains, qui ne leur ont pas réussi. Toutes ces précautions furent inutiles, nos Vins & nos Eaux-de-vie ne s'en vendirent

PREFACE. xxix

pas moins, malgré leurs deffenses: sans ces denrées que nous leur fournissons, il faudroit qu'ils renonçassent à leur commerce du Nord, en Suede, en Pologne, en Danemarck, en Moscovie & dans toute l'Allemagne.

Tant que la France conservera son sol & l'heureuse température de son climat, & que le Propriétaire apportera à la culture de ses Vignes, & au traitement de ses Vins & Eaux-de-vie, les soins que nous leur prescrirons d'après les meilleurs Auteurs, il n'est pas à craindre qu'on puisse lui enlever jamais le débit de ses Vins. C'est ici où la jalousie des Anglois n'a aucune prise ; ils peuvent nous interdire le commerce maritime, mais ils le feront eux-mêmes pour notre profit; ils peuvent nous enlever nos colonies & le commerce direct des Fourrures, mais ils ne nous empêcheront pas la culture du Lin & du Chanvre. Le Sucre seroit aisément remplacé par le Miel, dont les Anciens faisoient un si grand usage. Le Tabac pourroit se cultiver avec assez de succès en France, pour en fournir tout le Royaume, & même aux Etrangers. Si les Bleds & les Laines des Anglois les mettent à même de se passer des autres Nations, nous pouvons aisément obtenir le même avantage. Mais la culture & le commerce des Vins & Eaux-de-vie, nous sont exclusivement réservés. Quelques soins qu'on se soit donné pour faire venir la Vigne en Angleterre, on n'a jamais pû y réussir, & les Anglois ne peuvent nous en interdire la culture, ni entrer en concurrence avec nous pour la fabrique des Eaux-de-vie, dont leur marine fait une si grande consommation.

Par quelle fatalité, dit un bon Politique, est-ce que nous abandonnons aux Etrangers, le commerce de ces utiles denrées, que nous pourrions porter nous-mêmes dans le Nord, où nous en aurions un

PRÉFACE.

sûr débit, en les donnant à meilleur marché que les Anglois & les Hollandois, qui ne peuvent les tenir que de la seconde main ? Ce bas prix feroit pancher à notre profit, un commerce inépuisable, & animeroit cette culture, qui, d'un côté, augmenteroit la population & la consommation intérieure ; & de l'autre, attireroit en France les richesses des Etrangers, qui ne peuvent se passer de nos Vins & Eaux-de-vie. Ce retour en argent soutiendroit la culture & la fabrique des Vins, & fourniroit aux Agriculteurs les avances & les dépenses nécessaires pour faire valoir cette mine précieuse, qui se trouve, comme l'or d'Afrique, sur la superficie de nos terreins. Notre peuple agricole auroit alors de quoi subvenir aux charges de l'Etat, à sa subsistance personnelle, à l'entretien de sa famille, & l'on verroit peut-être alors se réaliser ce souhait si touchant du Pere des BOURBONS, que tout François misérable ou sensible, ne peut se rappeller sans verser des larmes sur son sort.

Les avantages infinis que pourroient nous procurer la culture de la Vigne bien entendue & la fabrique des Vins & Eaux-de-vie m'ont engagé à entreprendre depuis long-temps, *l'Histoire Naturelle de la Vigne & des Vins*; elle est même annoncée dans la Dissertation latine, dont j'ai parlé plus haut; mais la modicité de ma fortune, & la petitesse de mes moyens, ne me permettent pas de me charger des frais d'impression d'un ouvrage aussi considérable, qui demanderoit des cartes, des gravures & de la dépense. Il y a trois ans que j'en ai remis la permiere partie à un Libraire, & j'ignore ce qui en retarde aujourd'hui l'impression.

Dans l'intervalle, l'Académie de Metz ayant proposé un Prix *sur la meilleure maniere de faire & de gou-*

PREFACE.

verner les Vins du Pays Meſſin, Mr. le Docteur Maret, Secrétaire de l'Académie de Dijon, ſachant que je m'étois occupé de recherches ſur la Vigne & les Vins, m'envoya le Programme de Metz, en m'invitant de traiter cette queſtion intéreſſante; mais n'ayant que des connoiſſances aſſez confuſes des vignobles du Pays Meſſin & des coutumes locales de ces cantons, la Société Royale des Arts & des Sciences de la Ville de Metz, eut la bonté de me faire adreſſer, par Mr. le Payen, l'un de ſes Membres, un petit Mémoire en une feuille manuſcrite, dans lequel ſe trouvoient les détails des vignobles, & la culture particuliere au Pays Meſſin.

C'eſt ſur ce fonds que j'ai travaillé l'ouvrage que je préſente aujourd'hui au Public, ſous le titre d'*Œnologie*, dans l'eſpérance de lui offrir quelque jour l'*Hiſtoire naturelle de la Vigne & des Vins*, ſi ce foible Eſſai de mon travail eſt favorablement reçû.

Comme la Bourgogne fournit les meilleurs Vins de l'Europe, & qu'elle sera le principal objet de mes recherches dans l'*Histoire de la Vigne & de sa culture*, je me suis attaché à comparer dans cet Essai, les coutumes des Vignerons de Bourgogne, avec celles du Pays Messin.

On pourra juger par cet Essai, de la maniere dont je traiterai dans l'*Histoire naturelle de la Vigne* que j'annonce, la culture particuliere aux principaux vignobles de France, la comparaison de toutes ces méthodes les unes avec les autres, & principalement avec celles admises dans la Province de Bourgogne, dont je donnerai la description topographique, afin de faciliter l'intelligence de ce que j'aurai à dire sur les vignobles de cette Province.

J'aurai obligation aux personnes qui voudront entrer dans mes vues, en m'envoyant leurs observations sur cet objet intéressant ; mais je les prie de faire affranchir les paquets, pour m'éviter une dépenſe au deſſus de mes moyens.

Quoique le petit Traité que je préſente aujourd'hui, ſoit renfermé dans un ſeul volume, les Lecteurs le trouveront peut-être plus complet qu'aucun de ceux qui ont paru ſur la même matiere.

TABLE.

TABLE DES CHAPITRES.

INTRODUCTION. Page 1.

CHAP. Ier. *Histoire de la Vigne.* 5.

CHAP. II. *De la Vigne, de la structure & de l'usage des parties de cette plante, de ses différentes espèces, & du choix des plants.* 32.

Article premier. *Caractères généraux de la Vigne. Description de sa fleur.* Ibid.

Article second. *De la structure & de l'usage des parties de la Vigne.* 38.

Article troisième. *Espèces de Vignes des anciens.* 69.

Article quatrième. *Espèces de Vignes des modernes, de leur choix & du mélange qu'il en faut faire.* 80.

CHAP. III. *Du climat & de la température convenables aux Vignes.*

ŒNOLOGIE
OU
DISCOURS

Sur la meilleure méthode de faire le Vin & de cultiver la Vigne.

LA Société Royale de Metz, dont l'établissement est dû à la générosité d'un de nos plus grands Ministres, aussi invariablement attaché à la gloire de son Souverain, qu'au bien de ses Peuples, & en particulier au Pays dont il étoit Gouverneur, a pour objet les Sciences & les Arts absolument utiles. La Devise de cette Société (*Utilitati publicæ*) semble lui rappeller sans cesse le but de son institution, & lui prescrire l'heureuse nécessité de ne proposer ses Prix que sur des questions de premiere utilité, &

A

d'un plus grand avantage pour les différentes branches de commerce & pour le progrès de la culture des Terres, dans les divers genres de récoltes dont elles pourroient être susceptibles dans cette Province.

La Société s'est toujours conformée en cela, aux vues nobles de son généreux Fondateur, en tâchant d'étendre, autant qu'il est en elle, les connoissances les plus importantes à l'économie rurale & aux Arts de premiere nécessité, qu'elle voudroit voir fructifier avec ce zèle éclairé, source de l'abondance qui fait fleurir le commerce par le produit des terres, & la terre par l'industrie du commerce. Tel est le motif qui l'a engagée à déterminer pour le sujet de l'un de ses Prix, la question *de la maniere d'opérer pour faire le meilleur Vin*, question qui est peut-être la plus importante & la plus difficile de toutes celles qui ont été proposées jusqu'ici, depuis que l'on s'occupe des progrès de l'Agriculture en France.

Il semble que l'Académie desire un traité complet de la culture des Vignes, de la façon & de la conservation des Vins; car elle exige que les Auteurs s'attachent à traiter, tant du choix & de la maturité du raisin, que de la fermentation vineuse

& des moyens de prévenir les maladies des Vins ; mais l'Académie paroît ne demander trop, que pour engager à lui donner assez ; sans cela, il seroit impossible qu'un discours d'une demie heure de lecture, puisse la satisfaire & répondre à de si grandes vues.

On ne peut même espérer d'avoir un Mémoire passable sur ce sujet, qu'en refondant ceux de tous les concurrents, & en ramassant les vues & les observations éparses dans ces divers écrits, pour en faire un seul corps d'ouvrage : c'est à quoi je m'engage, si la Société veut m'en charger : un pareil traité pourroit être distribué gratuitement dans toute l'étendue du Pays Messin, & y produire un changement avantageux dans la culture des Vignes & le commerce des Vins.

Jusqu'ici on ne nous a donné que des généralités qui ne conviennent presque nulle part. Chaque Pays devroit s'attacher à faire connoître son climat, sa température, la position de ses vignobles, les coutumes qu'on y observe, &c. L'Histoire naturelle & l'Agriculture qui lui tient de si près, sont comme l'Histoire générale de France. On ne peut espérer d'en avoir une bonne, qu'après que chaque Province particuliere aura donné la fienne, & qu'un génie aura rassemblé ces divers matériaux épars, pour en faire une refonte.

Si par un de ces hazards que je n'ose espérer, mon foible essai venoit à obtenir le Prix, je consens qu'il soit employé à l'impression des Mémoires qui seront jugés les meilleurs, pour que la distribution en soit gratuite après la refonte que j'ai proposée. Heureux si je puis témoigner par-là mon amour pour le bien public, & réveiller l'attention de nos concitoyens, en faveur de la Vigne si propre à combler l'homme de biens & de richesses.

M. le Payen a prouvé dans son excellent Mémoire, une de ces vérités, qu'on pourroit appeler *vérités méres*, parce que leur développement opére quelquefois d'heureuses révolutions dans les esprits : il a démontré que *c'est presque toujours moins au terroir qu'il faut attribuer la bonne ou mauvaise qualité des Vins, qu'aux bonnes ou mauvaises pratiques des Vignerons*. Je pars de ce point, pour jetter la division des parties de mon discours.

Il y a une infinité de causes qui concourent à décrier les Vins du Pays Messin ; mais pour me restreindre, je les réduis à cinq principales. 1°. Le peu de connoissance qu'ont nos Vignerons des diverses espèces de Vignes & de raisins, & l'ignorance totale de la structure & de l'anatomie des parties de cette plante. 2°. Le mauvais choix du terrein & de l'exposition propre à la Vigne, & le gouvernement des jeunes plantes. 3°. La mauvaise culture des Vignes faites. 4°. La façon & traitement des Vins. 5°. Les entraves que l'on met au commerce des Vins, & les impôts dont on charge cette denrée pour la faire rester & consommer dans le Pays. Je vais traiter de ces différentes causes, les unes après les autres, dans autant de Chapitres séparés, qui seront sous-divisés en articles ; mais auparavant essayons de donner un abregé de l'Histoire de la Vigne, dans un Chapitre particulier. On verra cette matiere plus approfondie dans *l'Histoire naturelle de la Vigne*, que nous avons annoncée.

CHAPITRE Ier.

Histoire de la Vigne.

DE toutes les plantes que cultive la main industrieuse de l'homme, c'est avec raison qu'il a toujours donné la préférence à la Vigne, soit à cause de son beau feuillage propre à couvrir des berceaux, soit à cause de la douceur de son fruit & de la liqueur autant salutaire qu'agréable qu'il en fait exprimer; soit enfin, à cause de la facilité de multiplier cette plante dans tous les climats tempérés, & à toutes les expositions du Nord glacé, du Midi brûlant, du Levant sec & hâlé, & du Couchant orageux. La Vigne sait, pour ainsi dire, se façonner d'elle-même au climat & à la température, afin de multiplier ses bienfaits, depuis le Cap de Bonne Espérance, jusqu'au Nord de la Germanie; mais elle favorise spécialement les peuples, dont l'Art sait corriger les défauts du terrein & les inconvénients du climat. Il ne faut donc plus s'étonner si la Vigne a été cultivée de tout temps, & si elle étoit en telle vénération chez les anciens, qu'ils ont déifié ceux auxquels ils en attribuoient l'invention.

Si Bacchus, fils de Jupiter & de Cérès, (*c'est-à-dire de l'air & de la terre,*) comme Virgile le donne si clairement à entendre par ces beaux vers,

Tum pater omnipotens fecundis imbribus æther
Conjugis in gremium lata descendit, &c.

si Bacchus, dis-je, n'est pas une ingénieuse allégorie pour désigner le Dieu du Vin, & si c'est un mortel que les anciens ont adoré sous le nom de *Bacchus*, ce ne peut être que *Bacchus le Barbu* ou *l'Egyptien*, qui fit la conquête des Indes, & non pas le fils de Sémélé & d'un Prêtre de Jupiter, qui est d'un siecle bien postérieur, & qui ne sortit pas de Thebes sa patrie. Le culte de Bacchus étoit établi dans l'Orient, bien long-temps avant le Bacchus des Grecs menteurs, comme nous l'apprend *Diodore de Sicile, liv. 3.* & ce n'est certainement pas Bacchus le Thebain, qui donna du secours à son pere Jupiter, dans la fameuse guerre des Géants qui vouloient escalader le Ciel.

Mais encore une fois, j'aimerois mieux penser que tout le tissu de cette fable, n'est qu'une agréable allégorie. Les cérémonies des fêtes de Bacchus, & les attributs du Dieu du Vin, semblent l'annoncer. On portoit en procession une cruche de Vin & une branche de sarment ; puis suivoit le Bouc qui devoit être immolé comme un animal odieux à Bacchus ; ensuite paroissoit la Corbeille mystérieuse, suivie de ceux qui portoient le *Phallus*. Les hommes & les femmes couronnés de lierre, les cheveux épars & presque nuds, suivoient ou précédoient en tumulte cette procession, en criant, *Evohe Bacche*, &c.

On représentoit Bacchus comme un jeune homme, pour marquer la joie des festins ; quelquefois comme un vieillard, pour nous apprendre que le Vin pris sans modération, use la santé & nous rend comme les vieillards, incapables de garder aucun secret. Il étoit représenté avec des cornes, parce que les cornes des animaux étoient autrefois les vaisseaux à boire (*a*). La Pie lui étoit consacrée, parce que le Vin fait parler & délie la langue ; & la Panthere, parce que cet animal est fort chaud, ce qui convient au Vin. Priape n'est fils de Bacchus & de Venus, que parce que le Vin nous porte à la dissolution. Cérès, autre Divinité dont l'existence n'est due qu'à l'imagination des Poëtes, est toujours dans la compagnie de Bacchus, & leurs fêtes se célébroient en même-temps. Personne n'ignore la société que nos besoins ont mis de tout temps, entre ces trois Divinités. *Sine Baccho & Cerere friget Venus.*

(*a*) Consultez à ce sujet la savante Dissertation du célèbre Comte de Caylus, sur les vaisseaux à boire, insérée dans les Mémoires de l'Académie des Inscriptions, &c.

Mais quittons la Fable pour venir à quelque chose de plus certain.

Noé... Noé... C'est à ce Patriarche que tous ceux qui ont écrit de la Vigne, font remonter son Histoire, parce que l'Ecriture nous apprend qu'il cultiva la Vigne, & qu'il s'enyvra du jus de son fruit. M. Bidet emploie tout le premier Chapitre de son *Traité de la Vigne*, à commenter singuliérement ce texte, & il s'appésantit pour prouver que l'eau étoit excellente avant le déluge, & que les hommes ne connoissoient pas le Vin, dont il fait Noé l'inventeur. Il ajoute que ce Patriarche s'attacha à sa culture, pour en gratifier les hommes, parce qu'il rend la santé aux malades. Le Vin, hélas! est plus souvent un poison qu'un remede pour l'imprudent qui n'en sait pas modérer l'usage. Quoiqu'il en soit, on peut croire sans hérésie, avec M. Pluche, que le Vin est aussi ancien que le monde; que Noé prit soin de communiquer au genre humain ce qu'il avoit trouvé de meilleur avant le déluge; & que l'yvresse où il tomba, ne prouve point qu'il ignorât ce que c'étoit que le Vin, mais que l'impression en fut plus forte & plus agissante après une longue interruption.

Noé est vraisemblablement le Type des Fables de Bacchus. En effet les Grecs, selon Athénée, attribuoient l'origine du Vin, *à un fils de Deucalion*, qui étant venu dans l'Œtolie, fit présent au Roi d'une branche d'arbre qu'il tira de son sein, & qu'il lui recommanda de planter, *ex quo vitis uvarum fertilis nata est*, dit Athénée, liv. 2. chap. 1. *Unde Œneus dictus est: antiqui enim vineas Œnas dicebant.* Nicandre de Colophone, dit que c'est le même Œnée qui apprit la façon de faire du Vin.

Œneus inde cavo cratere coercuit, alma Vina premens, &c.

On voit l'analogie entre cette tradition & l'Histoire de Noé, la ressemblance des noms d'Œneus & de Noé, entre un fils de Deucalion fameux par le déluge des Poëtes & les enfants de Noé qui répandirent la culture de la Vigne, qu'ils avoient apprise de leur pere. J'ignore si quelqu'un a fait cette remarque avant moi ; mais cette tradition des anciens Grecs, est plus vraisemblable que tout ce que leurs successeurs ont raconté de Bacchus, dont le culte n'est qu'une imitation de celui d'Osiris, qu'Orphée apporta d'Egypte, & dont il fit honneur à un descendant de Cadmus.

La Vigne fut portée par-tout, de proche en proche, par les enfants de Noé, & elle passa d'Asie en Europe. Les Phéniciens qui voyagerent de bonne heure sur toutes les côtes de la Méditerranée, la transporterent dans les Isles de l'Archipel, dans la Grece, dans la Sicile, où elle réussit parfaitement ; delà, elle fut portée en Italie, quelque temps avant Romulus, puisque Varron rapporte que Mézence, Roi d'Étrurie, fut engagé à venir au secours des Rutules contre les Latins, par les Vins dont on lui fit présent. *Vini mercede*, dit Pline.

Il falloit que la Vigne fût encore bien peu cultivée du temps de Romulus, puisqu'il ordonna de ne faire aux Dieux que des libations de lait, quoique depuis bien long-temps tous les sacrifices des Nations Asiatiques, fussent accompagnés de quelque effusion de Vin. *V. Pline*, liv. 14. ch. 12. Ce fut Numa qui permit d'employer le Vin dans les libations ; & son motif en cela, étoit d'encourager la culture de la Vigne, puisqu'il défendit de se servir du Vin d'une Vigne sauvage, qui n'auroit point été taillée : voici sa Loi en langue Osque, qui étoit celle des premiers Romains.

Sarpta. Vinia. nei. fiet. ex. ead. Vinom. libarier. nefas. estod.

Pline dit expressément que c'étoit pour

exciter à la culture de cette plante, *ratione excogitatâ ut putare cogerentur, alias pigri fierent circa pericula arbusti.*

Il falloit en effet que le Vin fût bien rare, puisque Numa fit une Loi somptuaire pour empêcher de répandre quelques gouttes de Vin sur les bûchers en l'honneur des morts. *Vina rogum ne spargito.*

Quod subjunxisse illam propter inopiam rei nemo dubitat, dit Pline, liv. 14. ch. 12. C'est sans doute par une suite de la rareté de cette liqueur, qu'à Rome il étoit défendu aux femmes de boire du Vin, & qu'Egnatius Mecenius, qui avoit tué sa femme surprise à boire dans le tonneau, fut absous par Romulus, au rapport de Valere Maxime. Denis d'Halicarnasse assure même qu'il y avoit une Loi Royale expresse, qui permettoit aux maris de faire mourir les femmes qui auroient bû du Vin : elle se trouve en ces mots, dans le Code Papirien. *Temulentam uxorem maritus necator.*

Le mot de *temulentam*, semble ne désigner que l'yvresse; mais les termes de Denis d'Halicarnasse, dont les Jurisconsultes ont tiré cette Loi, sont plus forts, & disent expressément : *si mulier deprehensa est Vinum bibisse.* Caton écrit, qu'à cause de cela, il étoit permis aux parents de baiser les femmes sur la bouche, pour voir si leur haleine n'avoit pas l'odeur du Vin. Le célebre Fabius-Pictor, rapporte dans ses Annales (je ne parle pas ici de celles que ce fameux imposteur de Viterbe a supposées) qu'une femme sur laquelle on avoit trouvé les clefs du cellier, fut condamnée par les siens à mourir de faim. C'est Pline qui a tiré ce fait des Annales de Fabius-Pictor. L'yvresse n'étoit donc pas nécessaire pour encourir la peine de mort prononcée par la Loi ; il suffisoit d'avoir bû du Vin, sans cela la coutume de baiser les femmes pour sentir leur haleine, eût été ridicule, car on n'a pas besoin d'embrasser une personne yvre, pour connoître qu'elle a bû du Vin. Selon Athénée, *liv. 10. chap. 13.* la peine étoit encourue quand même une femme n'eût fait que goûter du Vin. *Vel si minimùm gustaverit.*

Pline attribue la cause de cette Loi à la rareté du Vin : *tanta ejus parcimonia fuit.* Il me semble cependant que cette Loi eût été sanguinaire & injuste, si elle n'avoit eu pour but que la rareté de cette denrée : une pareille Loi, pour être équitable, doit tenir aux mœurs, & j'en chercherois volontiers la cause dans la jalousie qui a été de tout temps le vice dominant des hommes de ce climat. Une femme s'oublie si aisément dans le Vin, qu'il est naturel à un jaloux de lui en interdire entiérement l'usage,

Vino namque suum nescit amica virum,

dit Properce. En effet, le Vin excite à la luxure, d'où Aristophane l'appelle le *lait de Vénus. Per ebrietatem salacitas transit,* dit Tertulien ; & Valere-Max. observe que les Romains le défendoient très sévérement à leurs femmes, parce que le Vin prépare le chemin à l'adultere.

C'est l'avis du savant Gravina, qui observe que long-temps avant Romulus, le Vin étoit interdit aux femmes en Italie, ce qui étoit, dit-il, un des plus sûrs moyens de conserver la chasteté & la pudeur, parce que le Vin fait couler dans les veines le feu de la débauche & de la luxure, & que la raison obscurcie par cette boisson, est hors d'état de remédier au désordre des sens, & de réprimer leur pétulance. Il rapporte à ce sujet, que Fauna, dont le culte s'établit à Rome, sous le nom *de la bonne Déesse,* sœur & femme de Faunus, ancien Roi de Latium, ayant été surprise avoir bû du Vin, fut dépouillée toute nue, fouettée & battue jusqu'à la mort, avec des verges de myrte. *Cic. de Rep. lib. 4.* Auſſi les femmes ne ſouffroient point de myrte dans le Temple ni dans les myſteres de la bonne Déeſſe.

Voilà donc le motif de la Loi découvert, parce que le Vin conduit à l'yvreſſe, & l'yvreſſe à l'adultere : auſſi dans le Code Papirien, la Loi contre le Vin, ſuit immédiatement celle qui prononce la peine de mort contre la femme adultere. Denis d'Halicarnaſſe, obſerve au ſujet de ces deux Loix, qu'elles ont ſervi à conſerver long-temps les mœurs pures parmi les Romains. Il eſt certain que ſi ces Loix avoient été reçues en France, elles euſſent ſauvé l'honneur de bien des maris, car la débauche & le Vin de Champagne y font plus de tort à l'hymen, que les fleches & le flambeau de l'Amour.

A meſure que la Vigne ſe multiplia chez les Romains, & que les mœurs allerent en déclinant, il fallut adoucir les rigueurs de la Loi, parce qu'il y avoit trop de contrevenants, & que ſa pleine exécution auroit intéreſſé le ſalut entier de la République : d'ailleurs la coutume qui obligeoit les filles & les femmes à aller tendre la bouche à leurs parents, quelque part qu'elles les trouvaſſent, pouvoit aussi avoir ses inconvéniens. Properce reproche à Cynthia, son infidele maîtresse, qu'afin de ne pas manquer de baisers permis par la Loi, elle se donnoit de faux parents.

Quin etiam falsos fingis tibi sæpe propinquos,
Oscula ne desint qui tibi jure ferant.

On se contenta d'abord de punir les femmes par la perte de leur dot. *Pline, liv. 14. chap. 13.* Ensuite on accorda aux femmes la permission de boire du Vin, pourvu toutesfois qu'elles en usassent modérément. On s'étoit contenté d'interdire le Vin à la jeunesse Romaine des deux sexes, jusqu'à l'âge de trente ans ; mais ces adoucissements aux Loix, qui retenoient les femmes dans la tempérance, lâcherent la digue; & du temps de Séneque, la corruption étoit déjà si grande, que les femmes passoient les nuits à boire, & provoquoient les hommes à ce genre de combat. Elles se faisoient vomir exprès, pour tenir tête plus long-temps. Mais revenons à l'histoire de la Vigne, à laquelle cette petite digression ne paroît pas étrangere.

La culture de la Vigne se multiplia assez promptement en Italie, comme on peut

peut le voir dans les livres de Caton, qui mit si fort cette culture en crédit, par le produit incroyable qu'il savoit tirer de ses Vignes ; & même très-long-temps avant lui, la Vigne s'étoit répandue en Italie, puisque les Gaulois y furent attirés par la douceur des Vins, si nous en croyons Plutarque *dans la vie de Camille*. Il raconte qu'Aruns le Tyrrhenien, leur persuada cette irruption, par le récit qu'il leur fit de l'excellence des Vins d'Italie, dont il leur apporta des essais pour en goûter. De pareils arguments devoient être en effet pour des Barbares qui ne buvoient que de l'eau, plus persuasifs que le Dieu de l'éloquence lui-même,

Tanta scyphis inerat vis & facundia plenis.

on peut voir cet endroit de Plutarque, commenté en forme de joli Roman, par Dom Martin, dans son Histoire des Gaules. Il rapporte même les harangues qu'il fait tenir aux principaux Gaulois. Au reste, le fond de son Historiette est contredit par Pline, qui dit que c'est un nommé *Helico*, Helvétien de nation, qui ayant demeuré long-temps à Rome, en avoit rapporté des raisins, des figues,

B

de l'huile & du Vin doux, & qu'il en fit goûter à ses compatriotes. Pline ajoute agréablement que les Romains devoient pardonner aux Gaulois une expédition qui avoit pour but de se procurer d'aussi excellentes choses : *hæc vel bello quæsisse venia sit.* Dom Martin fait de cet *Helico*, un des envoyés d'Aruns, quoique Pline n'en dise pas un mot.

L'autorité de l'Historien moderne des Gaules, qui soutient que les Gaulois ne connoissoient pas le Vin lors de l'arrivée d'Aruns, l'an 176 de Rome, est formellement contredite par Athénée, liv. 13. qui dit que lors du mariage d'Euxenus, Chef des Phocéens, avec Petta fille de Nannus Roi des Salyens qui habitoient les côtes de Provence, cette Princesse présenta, *selon l'usage*, une *coupe* où il y avoit de l'eau & *du Vin*, à celui qu'elle vouloit se choisir pour époux.

Je n'ai pas le temps de relever toutes les erreurs de l'Historien des Gaules, qui va jusqu'à soutenir qu'il n'y avoit point eu de Vignes dans les Gaules avant le temps de Virgile, quoique Justin, abbréviateur de Trogue-Pompée antérieur à Virgile, dise positivement que le même Euxene, fondateur de Marseille, se pourvut de *ceps de Vignes*, d'Oliviers,

&c. Cette fondation de Marseille, étant antérieure à l'arrivée d'Aruns, semble détruire le récit romanesque du Bénédictin.

Columelle, Pline, & tous les anciens, soutiennent affirmativement que long-temps avant Virgile, on cultivoit la Vigne dans les Gaules. On en voit une nouvelle preuve dans la belle Oraison de Ciceron pour Fonteïus, où il est parlé du grand commerce de Vin qui se faisoit dans l'intérieur des Gaules. Les Gaulois paroissoient même plus instruits dans cette partie, que les autres nations : on leur doit l'invention des tonneaux. Ils avoient coutume de mettre fermenter dans le Vin, des bois de senteur comme l'aloës, pour l'adoucir, le rendre plus odoriférant, & en avoir un plus grand débit.

Les Marseillois, originaires de Grece, ayant apporté des Vignes de leur Pays, la culture de cette plante s'étendit rapidement dans les Gaules *où elle se naturalisa*; car Columelle, contemporain de Virgile, fait beaucoup d'éloge de l'espece appellée *Biturica*, qui avoit été apportée du Berry en Italie, où elle étoit estimée, parce qu'elle étoit robuste, & multiplioit beaucoup.

La Vigne, en partant de Marseille, dut d'abord suivre les côteaux du Rhône, auxquels elle prodigue encore ses bienfaits ; elle remonta avec la Saone, pour s'établir dans le Beaujolois, & tout le long de cette fameuse côte qui traverse la Bourgogne du Nord au Midi : delà elle passa chez les Séquanois. Dunod, *dans son Histoire des Séquanois*, fait souvent mention de Temples & de Collines consacrées à Bacchus. Peut être même de cette premiere tige, dont la souche étoit à Marseille, il s'étendit dès-lors des rameaux le long des rives de la Moselle, & des côteaux qui bordent la Seille. Dumoins M. Buchoz assure bien positivement qu'il y a plus de deux mille ans qu'on cultive la Vigne dans le Pays Messin. On peut s'adresser à cet Auteur pour lui en demander la preuve.

Lorsque les Gaules furent réduites en Province Romaine, par la valeur & la sage politique du plus grand Capitaine qui ait jamais été, la culture des Vignes se soutint & s'étendit même beaucoup dans les Gaules & dans l'Empire ; mais le commerce des Vins n'étoit pas considérable : ce n'étoit qu'un commerce intérieur de proche en proche, parce que les Empereurs, par de mauvaises vues, cherchèrent à empêcher toute correspondance avec les nations qui ne leur étoient pas assujetties. Leur Ville Capitale étoit dans l'Occident, comme dans l'Orient, le centre de tout le commerce de l'Univers. Les Romains d'ailleurs étoient accoutumés aux liqueurs & aux malvoisies de Grèce & d'Italie, qui leur fournissoient du Vin préférable pour eux, à celui des Gaules, & leur politique leur en faisoit défendre le commerce avec l'étranger. *Que personne*, est-il dit, *dans une Loi du Code, au titre des choses qui ne doivent point être exportées, n'envoie du Vin & de l'huile aux Barbares, même pour en goûter.* C'est la fameuse Loi *ad Barbaricum*.

Le célèbre Montesquieu, ce Platon de notre âge, observe dans son ouvrage immortel de l'Esprit des Loix, que Domitien, Prince timide, fit arracher les Vignes dans les Gaules, de crainte sans doute, que cette liqueur n'y attirât les Barbares ; mais que Probus & Julien, qui ne les redoutèrent jamais, en rétablirent la plantation & la culture. C'est ainsi qu'il faut entendre ce que Zosime, Vopiscus & Eutrope rapportent de l'Empereur Probus, qu'il permit aux Gaulois, aux Espagnols & aux Bretons de planter la Vigne ; c'eſt-à-dire, qu'il ne fit que lever la défenſe d'en planter, publiée par Domitien ; car il ne faut pas croire fauſſement avec pluſieurs, qu'avant Probus il n'y avoit point de Vigne dans ces Provinces.

La culture des Vignes ayant repris une nouvelle vigueur, & la façon de les travailler s'étant perfectionnée, les Vins reprirent de la réputation, principalement ceux de la Province Séquanoiſe, que Pline avoit déjà loués, comme étant des meilleurs de ceux qui ſe recueilloient dans les Gaules.

Enfin, la crainte des Empereurs ſe vérifia, & les Vins des Gaules y attirerent les Barbares, comme les Gaulois l'avoient été eux-mêmes en Italie, ſelon Pline, *Vini mercede*. C'eſt vers l'an 407, que ſe fit la grande irruption des Barbares, qui en ſe pouſſant les uns ſur les autres, comme les flots de la Mer, inonderent les terres de l'Empire. Les Bourguignons, les plus prudents & les plus humains d'entre tous ces Barbares, ſe procurerent le meilleur lot par leur valeur & leur politique : bien différents de ces Goths deſtructeurs, qui ne parcouroient l'Univers que pour le ravager, ils ſe fixerent dans les plus belles

Provinces des Gaules, & où se cultivoient les meilleurs Vins. Au lieu de détruire les habitants, & de les faire esclaves, ce peuple, ami de l'hospitalité, se les associa tout-à-fait ; tout fut partagé avec la plus grande égalité, & les vainqueurs vivoient avec les vaincus, plutôt en freres qu'en conquérants. Voyez les *Loix Gombettes*, & M. de *Montesquieu*, qui fait le plus grand éloge de cette nation. Les deux peuples se fondirent en un seul, & conserverent par ces moyens pacifiques, la culture & les arts établis par les Romains ; ces belles Provinces ne se ressentirent presque pas des malheurs attachés à une conquête & à une irruption subite de peuples féroces. Les guerres civiles des Francs & des Bourguignons, & celles de leurs Maires, sous les imbécilles Rois de la premiere race, firent plus de tort & de ravages au Royaume, qu'il n'en avoit essuyé lors de la conquête.

Les autres Germains qui n'avoient plus d'établissement à espérer, après que la conquête des Francs & des Bourguignons fût assurée, essayerent de défricher quelques cantons de la forêt noire, & planterent des Vignes le long du Rhin. La Hongrie eut aussi les siennes ; & l'Auteur du Spectacle de la Nature, dit fort agréablement à ce sujet, que depuis que les Vignes se sont ainsi multipliées par-tout, les peuples contents de leur sort, n'ont plus songé à changer de demeure, & perdirent le goût des conquêtes. Qu'on vienne nous dire après cela, que le Vin n'est propre qu'à tout troubler. Ce n'est que depuis la multiplication des vignobles, que l'Europe est un peu plus en repos.

Les Provinces Orientales de la France, étant si excellemment propres à la Vigne qui y étoit cultivée de tout temps, les peuples conquérants n'eurent garde d'en négliger la culture ; elle fut autorisée & soutenue par les différents Souverains qui possédèrent successivement ces riches Provinces. Grégoire de Tours qui vivoit sous les enfants de Clovis, parle des Vins de Dijon, comme des meilleurs de toute la France. Plusieurs des anciens Ducs de Bourgogne, firent faire beaucoup de plantations pour leur propre compte, & l'on voit encore différents clos qui leur ont appartenu dans les meilleurs climats des deux Bourgognes. On lit dans leurs Ordonnances, qu'ils se faisoient gloire d'être réputés *Seigneurs immédiats des meilleurs Vins de Chretienté*,

Chrétienté, à cause de leur bon Pays de Bourgogne, plus famé & renommé que tout autre en croît de Vin : quelque part qu'ils allaffent, ils n'avoient point d'autre boiffon que le Vin de leur crû, & Paradin en fes Annales, liv. 3. dit que le Duc de Bourgogne étoit appellé le *Prince des bons Vins*. Les Rois de France buvoient du Vin de Bourgogne : on en faifoit venir à Rheims pour la cérémonie de leur Sacre. Celui de Beaune fe vendit à Rheims en 1328, lors du facre de Philippe de Valois, 56 livres la queue, tandis que celui de Rheims ne fut payé qu'à raifon de 6 livres. Les Etats du Royaume, affemblés à Paris en 1369, accorderent l'impofition fur l'entrée de Vin à Paris, de 15 fols de Vin François, & de 24 fols par queue de Vin de Bourgogne : cette différence notable des prix, annonce celle de la qualité, & prouve la liberté du commerce de cette denrée, & la grande exportation qui s'en faifoit hors des Etats des Ducs de Bourgogne.

Mais c'eft principalement fous la derniere race Royale de nos Ducs, & fous le régne brillant & heureux de Philippe le Bon, Duc de Bourgogne, Comte de Flandre, de Frife, &c. que les Vins des deux Bourgognes se répandirent au dehors, & furent connus des Etrangers; les Flandres appartenant au même Souverain que la Bourgogne, le commerce des Manufactures contre les denrées, étoit naturel & réciproque entre les Sujets du même Prince. Nos Vins passoient de-là aux Etrangers, par les Ports de Flandre & de Hollande, Pays de tout temps habités par des peuples qui ont été Pirates, ou Courtiers de l'Europe, lorsqu'ils n'en étoient plus la terreur. Ce Duc faisoit toujours, comme ses Prédécesseurs, conduire à sa suite des Vins de Bourgogne pour sa provision, & il n'en fut point bû d'autre à la Cour de ce bon Prince, dans la célébre assemblée d'Arras, qui rendit la Paix à la France épuisée, & la Couronne à la Maison regnante, sur laquelle les Anglois l'avoient usurpée. Malgré les brouilleries de Charles le Téméraire avec Louis XI. ce Duc lui faisoit présent tous les ans, d'une certaine quantité de piéces de Vin de ses celliers de Bourgogne. Les Flamands, les Liégeois, les Hollandois, les Allemands, &c. tirerent beaucoup de Vins des deux Bourgognes, depuis que les Souverains de ces Pays-les leur eurent fait connoître. Je pourrois rapporter les Réglements faits dans ces temps-là pour le commerce des Vins ; mais que l'on songe combien il me reste de choses à dire, & combien j'en dois omettre.

Le commerce des Vins se soutint jusqu'à la fin déplorable de Charles le Téméraire, & à la division des deux Bourgognes, entre les Maisons de France & d'Autriche. Il se soutint encore sous notre bon Roi Louis XII. dont le nom seul m'arrache des larmes de tendresse ; mais les querelles de François I. & de son fils Henri II. avec Charles Quint, firent diminuer le commerce ; il cessa tout-à-fait pendant les guerres civiles. Les troubles, qui sous les trois derniers regnes des malheureux Valois, agiterent la France & principalement la Bourgogne qui servit plusieurs fois de théatre sanglant aux différents partis, empêcherent la traite des Vins chez les Etrangers.

Ce ne fut qu'après la célèbre Paix de Vervins, en 1598, & sous le ministere de l'immortel Sully, ce génie tutélaire de la France, que le commerce recommença à reprendre faveur. L'Etranger se rappella l'exellence des Vins de Bourgogne, & il en voulut avoir : il ne connoissoit que les Vins de cette Province. Les ginguets qui se recueilloient alors en

Champagne, ressembloient à ceux du Pays Messin, & ne servoient qu'à abreuver les Habitans. Comme les routes qui avoient été négligées pendant quarante ans de guerres civiles, étoient alors en très mauvais état, l'éloignement & la difficulté de la traite des Vins de Bourgogne, engagerent les Flamands & autres à donner leurs commissions aux Marchands de Rheims, qui étoient plus à leur portée; & cette traite de l'Etranger, par la correspondance des Champenois, a duré plus d'un siecle.

Enfin, la traite des Vins étant devenue facile par le rétablissement des grandes routes, cela engagea quelques Marchands étrangers à venir eux-mêmes à la source faire leurs achats dans le temps de la primeur, ou à avoir des Commissionnaires du Pays sur les lieux mêmes, parce qu'ils étoient rebutés par les Droits d'Aides & les frais de dépôt & de Commission à Rheims.

Ce commerce des Vins a toujours continué de la sorte depuis plus d'un siecle, & il seroit cent fois plus brillant encore & plus lucratif pour le Royaume, s'il étoit autant aidé & encouragé qu'il le mérite; & si au lieu de charger de taxes, d'Impôts & de Droits de Foraines, l'exportation d'une denrée dont la culture est coûteuse & la garde difficile, on donnoit des primes & des recompenses à ceux qui feroient sortir nos Vins de France, pour aller troquer la seve de nos climats contre l'or & les marchandises étrangeres. Le gouvernement devroit prendre autant de soin pour encourager la culture des Vignes & le commerce des Vins, qu'en prendroit un Prince éclairé pour l'exploitation des Mines qui se trouveroient dans ses Etats. Les productions renaissantes pour le besoin des hommes, sont en effet la Mine la plus riche, qui ne tarit jamais, & dont il ne faut que favoriser l'exploitation. La seule branche du commerce & de l'exportation des Vins dans un Royaume où le terrein & l'exposition sont si favorables à cette plante précieuse, suffiroit, si elle étoit bien entendue, pour acquitter les charges qui nous accablent, rembourser les dettes de l'Etat, & rendre la France, le Royaume le plus riche & le plus florissant de l'univers.

Qu'on juge par ce *précis de l'Histoire de la Vigne*, de l'importance de la question proposée par l'Académie. Il est vrai que le Pays Messin étant assez froid, surtout du côté qui regarde les montagnes des Ardennes, les Vins n'y ont pas eu jufqu'ici affez de qualité pour attirer l'Etranger. Mais eft-il poffible de corriger dans les Vins de Metz, les défauts du climat, par une culture mieux raifonnée que celle que l'on y a pratiquée jufqu'à préfent ? C'eft ce que nous examinerons par la fuite ; en attendant, que les Habitans des Pays Meffin fe confolent par l'exemple des Champenois, & apprennent par eux, que la feule induftrie peut tirer du néant, des Vins qui n'avoient jamais exifté, & donner de la réputation à une denrée qui n'étoit pas connue auparavant.

Nous avons vû que l'Hiftoire ne fait aucune mention des Vins de Champagne, & que c'eft en Bourgogne que les Champenois venoient prendre des Vins pour faire paffer à l'Etranger, & pour célébrer l'augufte cérémonie du Sacre de nos Rois. C'eft pendant le cours de ce commerce de commiffion, que des Champenois tirerent des plançons ou provins de Beaune & des meilleurs vignobles de Bourgogne. Ce font Meffieurs *le Tellier* & *Colbert*, qui les premiers ont fait connoître le Vin de Champagne qu'ils avoient intérêt à mettre en réputation, parce qu'ils avoient de grandes poffeffions dans cette Province. Suivons donc l'exemple des Champenois; faisons venir de bons plans, choisissons le terrein & l'exposition qui leur conviennent; étudions-en la culture d'après les vrais principes; n'abandonnons pas la façon & le traitement des Vins, à l'ignorance des Vignerons & du peuple qui manquent d'instructions à cet égard, & favorisons l'exportation de cette denrée, en la déchargeant de tous Droits de sortie, ou plutôt en obligeant les Fermiers Généraux de donner au Marchand qui exporte, le même Droit qu'ils reçoivent par queue de Vin qui passe en Pays étranger. Cette prime accordée à l'exportation du Vin François, en encourageroit la culture & le débit, & nous rapporteroit en retour, des marchandises sur lesquelles les Fermiers s'indemniseroient de l'avance qu'ils auroient faite.

CHAPITRE II.

De la Vigne, de la structure & de l'usage des parties de cette plante, de ses différentes especes & du choix des plans.

Article Premier.

Caractéres généraux de la Vigne. Description de sa fleur.

LA Vigne, (mot dérivé du Latin *Vinea*, dont les anciens se servoient pour désigner un lieu planté de Vignes,) s'appelloit proprement *Vitis*. Ce dernier mot est le nom de la plante qui porte le raisin ; son étimologie est assez incertaine ; car celle de Varron, *quod invitet ad uvas percipiendas*, est ridicule. Selon d'autres, *vitis à vivendo*, parce que la Vigne vit long-temps, ou qu'elle est salutaire à l'homme, *quod vitam hominis recreet* ; d'autres dérivent, *vitis* de *vis*, *quasi vim habeat citiùs radicandi*. Ne pourroit-il pas venir aussi d'*uva*, dérivé d'*uvidus*, qu'on a dit pour *humidus ?* Mais le sentiment le plus raisonnable, fait venir *vitis* du verbe *vieo*, *vievi*, *vietum*, *ligo*, *inflecto*, parce que cette plante souple & rampante, se plie, se courbe & se lie autour des plantes voisines. On se servoit même de ses sarments pour faire des liens : *vieis virgis ligare possumus quod libet*, dit Varron ; & on appelle encore aujourd'hui une *viette*, un brin ou une branche de Vigne. Le mot *vinea* lui-même, selon quelques Auteurs, vient de *vimen*, qui veut dire *lien* ; mais laissons les étimologies du mot qui n'est qu'un signe, pour nous occuper de la chose signifiée.

La vigne, (*vitis vinifera*,) la seule dont nous nous occupons dans ce Discours, est une plante vivace de la vingt-uniéme classe de Tournefort, deuxiéme section des arbres & arbustes *à fleur en rose*, dont le pistil se change en une baie, isolée ou en grappe. Cet Auteur renferme dans la même section, comme genres voisins, le Micocouiller, la Bourdaine, le Lierre, la Vigne, l'Epinevinette & la Ronce. Selon le même Tournefort, *la Vigne* est un genre de plante *à fleur en rose*, composée de plusieurs petales disposés en rond, du milieu desquels sort un pistil accompagné de plusieurs étamines qui font ordinairement éclater & tomber la corolle & les petales. Le pistil devient à la longue, une baie molle, charnue, pleine de suc, qui porte presque toujours quatre semences ou pepins en forme de poires. *V. Inst. rei-herb.* Tournefort rapporte au même endroit vingt-une especes de Vignes. Nous en parlerons dans l'article trois.

Le Sçavant M. Adanson range la Vigne dans sa cinquante-uniéme famille, intitulée, *des Capriers, qui semble,* dit-il, *tenir le milieu entre celle des Mauves & celle des Cruciferes.* On est un peu étonné de voir la Vigne de la même famille que le Réféda, la Gaude, le Sinapistrum, &c. Mais dans la prétendue méthode naturelle des familles des plantes, il faut bien se faire malgré soi à ces sortes de singularités.

M. Duhamel met la Vigne dans la troisiéme classe des arbres *à fleurs hermaphrodites, polipétales, régulieres.*

Linnæus la met dans la cinquiéme classe de son sistême sexuel, intitulée *pentandria monogynia,* c'est-à-dire, des fleurs hermaphrodites à cinq étamines & un pistil. Selon cet Auteur, le *calice* à peine visible, est divisé en cinq petits onglets. La *corolle* est formée de cinq pétales assez épais, réunis par le sommet, petits & sujets à se détacher & à tomber. Les *étamines*, au nombre de cinq, sont composées d'autant de filets en forme d'alêne, droits, larges & ouverts dans leur base, sujets à tomber, & portant des sommets simples. Le *pistil* est un embrion ovale sans stile, & couronné d'un stigmate obtus. Le *péricarpe* est une grande baie succulente, sphéroïde, ne contenant qu'une capsule. Les *semences*, au nombre de cinq, d'une substance dure, osseuse, arrondies en forme de cœur, serrées par leur base, séparées dans la moitié supérieure en deux loges, &c.

Quoique les petales ne soient ni colorés, ni distincts, & que souvent ils ne soient pas séparés par leur extrêmité supérieure, cependant c'est mal-à-propos que plusieurs les ont pris pour le calice.

A cette description, joignons-en une autre abregée, d'un Auteur aussi exact. La fleur de la Vigne a un petit calice qui a cinq pointes, & qui porte autant de petales, petits, jaunâtres, odorants, disposés en rond, & souvent réunis dans leurs sommets; ce qui forme une petite piramide au milieu des étamines. Quelquefois cependant ces petales s'ouvrent & laissent paroître cinq étamines chargées de sommets, tombant sur la corolle, loin de l'ovaire, & dont les antheres sont droits, marqués de quatre sillons longitudinaux, s'ouvrant en deux loges pour répandre une poussiere qui consiste en molecules ovoïdes, très menues, souffrées, luisantes & peu transparentes. Au milieu de ces étamines est un pistil formé d'un embrion ovale, immédiatement couronné d'un stigmate obtus & sans stile. D'autre fois les étamines faisant effort pour s'alonger, elles détachent les petales, il ne reste que les étamines & le pistil. L'embrion devient une baie ou grain rond ou ovale, verd & aigre au commencement, dans la suite, blanc, rouge ou noir, plein d'un suc doux & agréable, charnu, dans lequel on trouve quelquefois cinq semences ou *pepins*, durs, figurés en larmes ; mais le plus souvent on y en voit d'avortés, & l'on n'en trouve ordinairement qu'un, deux, trois ou quatre. La grappe sort toujours du côté opposé aux feuilles, entre la troisiéme & la cinquiéme feuille des jeunes branches, à la place de la vrille rameuse dont elle tient lieu. Il paroît même que les *vrilles* ou *mains* ne sont autre chose que les grappes à fleur qui on avorté, & qu'on appelle *grappes filées ou coulées*. Le bois de la Vigne est tortu, couvert d'une écorce crevassée, rougeâtre, poussant plusieurs sarments longs, garnis de mains ou vrilles qui s'attachent à tout ce qu'elles rencontrent; ses feuilles sont d'un beau verd, grandes, larges, luisantes, un peu rudes au toucher, incisées sur les bords, & posées alternativement sur les branches ou sarments; les vrilles, ainsi que les grappes, sont toujours opposées aux feuilles.

Comme les parties de la *fructification* sont les plus constantes dans les plantes, & par conséquent les plus propres à fournir les *caractéres génériques* par leurs différences, nous nous sommes arrêtés sur celle de la Vigne, avec d'autant plus de raison, que c'est la bonne issue de la fleur qui fait celle de récolte,

Si bene floruerit vinea, Bacchus erit.

En effet sans la fécondation de l'ovaire, par les poussieres des étamines, tous les embrions qui doivent se changer en baies propres à renfermer les semences, avorteront immanquablement, & se changeront dans ces grappes coulées dont nous avons parlé. Il est donc intéressant de connoître un peu en Botaniste, le détail des parties de la fleur de la Vigne, non-seulement pour distinguer ce genre de plante de toutes les autres, par des caracteres constants, uniformes & invariabes, mais aussi pour choisir parmi les différentes sortes de Vignes, les especes qui passent le plus aisément fleur, ou dont la fleur plus robuste & moins sujette à couler, résiste mieux aux intempéries des saisons, suivant l'exposition, le climat & la nature du terrein. A supposer même que ce ne fût qu'une pure curiosité, elle ne messied pas à un cultivateur, qui doit connoître sous toutes les faces, la plante qu'il cultive.

Article second.

De la structure & de l'usage des parties de la Vigne.

La Vigne, comme toutes les autres plantes, est composée de parties qui, imitant en quelque sorte, les membres & les organes du corps humain, ont chacune leurs fonctions pour l'accroissement & la nourriture de la plante, ainsi que pour la production de son fruit & des semences qu'il renferme. Nous avons parlé dans l'article précédent, des parties sexuelles de la fructification ; nous avons dit un mot en passant, de leur usage : parcourons aussi rapidement les autres parties de cette plante.

Columelle soutient jusqu'au bout, la comparaison des parties de la Vigne avec celle du corps humain. La nature, dit-il, lui a donné les racines qui, comme une sorte de fondement, l'attachent à la terre dont elle doit tirer sa subsistance, comme elle a fait présent des pieds aux hommes pour marcher sur sa surface. Ces mêmes racines font encore les fonctions de bouche pour préparer & transmettre les aliments au reste de la plante.

Les racines sont surmontées du tronc qui imite en quelque sorte la stature du corps humain, & qui tient lieu de l'estomac pour filtrer & digérer les sucs amenés par les racines. Ce tronc se divise en plusieurs branches, qui sont comme les bras de la plante. Les branches se couvrent de pampres, & poussent des sarments & des vrilles qui lui tiennent lieu de mains & de doigts pour s'attacher aux corps voisins. La partie inférieure des branches & sarments porte le fruit, tandis que la supérieure se couronne de feuillage, qui, comme une espece de vêtement, garantit la jeunesse du fruit, des ardeurs brûlantes du Soleil, des coups de vents & des intempéries de l'air & même des premiers coups de la grêle & du grésil. Il faudroit lire tout le chapitre de Columelle, où il pousse assez loin cette agréable comparaison dont je ne rapporte que la fin ; mais que sont les traductions & les commentaires auprès du texte ! *eadem ipsa mater ac parens primum radices veluti fundamenta quædam jecit ut quasi pedibus insisteret ; truncum deinde super posuit velut quamdum staturam corporis & habitûs ; mox ramis diffudit quasi brachiis, tunc caules & pampinos elicuit veluti palmas ; eorum alios fructu donavit, alios fronde solâ vestivit ad protegendos tutandos que partus.*

La tige de la Vigne se divise donc par le bas, en plusieurs portions qui s'étendent dans la terre, & ce sont les *racines* qui se subdivisent en bifurcations répétées, jusqu'à devenir des filets très-déliés, qu'on appelle par cette raison *chevelées*, *capillamenta*, pour les distinguer de la maîtresse racine *viva radix*, mot qu'il ne faut pas confondre avec celui de *vivi radix*, qui signifie *une marcotte*.

Tout le monde sait que la *racine* est la premiere production de la semence d'une plante quelconque, parce que c'est celle qui se trouve à la pointe du germe ou de la plantule que renferme la semence. J'aurois donc dû commencer par faire l'anatomie de la graine, qui contient

tient toute la plante *en miniature* ; cependant comme la Vigne ne se multiplie jamais par semence, mais seulement *par boutures ou par marcottes*, j'ai cru inutile de parler de la graine, & d'en donner l'anatomie particuliere, ce qui auroit néanmoins contribué à jetter beaucoup d'éclaircissement sur cette matiere ; mais je sacrifie tout à la briéveté, & je crains encore qu'on ne me trouve trop long, parce que j'ai voulu tout embrasser, pour montrer que la solution du problême de la Société de Metz ne peut être donnée que par un traité complet de la Vigne & de sa culture, suivant l'ancien proverbe, qui dit *de bonne terre, bon pépin : de bon pepin, bon raisin : de bon raisin, bon Vin.*

Quoiqu'on multiplie ordinairement la Vigne de bouture, cependant on pourroit essayer, par le moyen de la semence, quelque longue qu'elle soit à venir, s'il ne seroit pas possible de se procurer des variétés, car il n'est pas encore bien constaté que la Vigne venue de graine soit infertile, comme le disent quelques Auteurs. La plantation par bouture & par marcotte a été préférée avec raison, comme plus expéditive & plus sûre ; mais qui empêcheroit des curieux de cultiver quelques plans venus de semence, pour voir ce qui en résulteroit ?

Revenons aux parties du cep de la Vigne. La racine existoit déjà dans la radicule, & sa production, ainsi que ses diverses ramifications, ne sont qu'un prolongement de cette radicule.

La racine est composée de trois parties intéressantes. 1°. L'*épiderme*, qui n'est que le prolongement de la cuticule qui recouvroit la radicule du germe, & qui s'est prolongée & accrue avec elle dans la terre, pour servir de premier filtre à la seve qui s'y introduit. 2°. Du *corps spongieux*, qui se trouve sous l'épiderme, & qui n'est qu'une continuation de la chair ou pulpe de la semence. Ce corps spongieux est composé, comme la moëlle, de petites vesicules, propres à se remplir des sucs & des sels de la terre, ce qui lui a fait donner le nom de *tissu cellulaire*. 3°. Enfin, au milieu de ce corps spongieux est un petit paquet de vaisseaux tubulaires très-déliés, connus sous le nom *de corps ligneux*, qui s'étend en longueur dans toute la plante, pour y transmettre les sucs qu'il a reçus des vésicules du corps spongieux avec lequel il s'anastomose.

Je ne fais que donner une esquisse de toutes ces parties, plutôt pour en faire deviner l'usage, que pour m'appesantir sur les détails. L'utilité des racines & leur destination n'est que trop palpable; la Vigne, comme les autres plantes, ne pouvant végéter sans le renouvellement continuel de la nourriture, propre à remplacer la substance qui s'en évapore sans cesse par les feuilles, & n'étant pas douée, comme les animaux, d'organes propres à se mouvoir d'un lieu à un autre, elle a été pourvue de racines, qui en se prolongeant dans la terre par leurs extrêmités, vont y chercher l'aliment convenable à la plante, & qui, en s'étendant par leurs bifurcations, lui tiennent lieu du mouvement progressif accordé aux animaux pour chercher leur nourriture. On sent par cette exposition de l'usage des racines, la nécessité d'ameublir la terre autour d'elles, non-seulement afin qu'elles puissent se prolonger & étendre leurs bouches ou suçoirs, mais encore afin que la terre qui les entoure, ouverte par les labours & les façons, puisse s'imbiber de l'humidité des pluies & des rosées, des sels & des influences de l'air, pour entrer sous la forme de seve dans le corps spongieux des racines, & de là dans les vaisseaux seveux qui doivent porter la limphe & le sang dans toutes les parties. Le corps spongieux est très-lâche dans la Vigne, c'eſt ce qui fait qu'elle pompe plus aiſément l'humidité qu'aucune autre plante, & qu'elle en craint l'excès.

La tige, le tronc ou la ſouche, (en Latin *ſtirps*, *caudex*, *cippus*, d'où vient notre mot *cep*, *cépage*,) eſt ce qui s'éleve au-deſſus des racines. La partie inférieure qui ſort de terre, s'appelle la *tête du tronc*, *caput trunci*, & la partie ſupérieure d'où ſortent les branches & ſarments, ſe nommoit *materia* par les Latins. Nous n'avons point de mot François pour déſigner cette différence. La tige communique à la racine par un point central ou eſpece de nœud qu'on nomme *liaiſon*, parce que c'eſt le lieu où leurs parties internes ſe joignent, ſe mêlent & ſe lient enſemble, à peu près comme deux cônes qui ſe touchent par leurs baſes, dont les parties ſe correſpondent dans une ſituation renverſée, & ne s'allongent que par leurs extrêmités oppoſées. Ici le corps ſpongieux, au lieu d'être à l'extérieur, comme dans la racine, occupe le milieu de la tige ſous le nom de *moëlle*, & le corps ligneux qui étoit au milieu de la racine, ſe trouve à la circonférence, où il forme une eſpece de cylindre creux, qui enveloppe la moëlle. Ces deux parties intérieures ſe communiquent & s'anaſtomoſent entre elles, par le moyen des *inſertions* que pouſſe le corps ſpongieux ou la moëlle entre les fibres des vaiſſeaux ligneux. Ce croiſement des vaiſſeaux au collet de la plante, a quelque choſe de ſingulier, & vient, à ce que j'imagine, de ce que le corps ſpongieux dans les racines, eſt deſtiné à pomper l'humidité de la terre, & que dans la tige, ſon emploi eſt de filtrer les ſucs pour les conduire dans les vaiſſeaux propres des plantes; c'eſt pourquoi *Malpighy* dit qu'on peut regarder la tige comme *l'eſtomac des plantes*, en ce qu'elle eſt compoſée de pluſieurs vaiſſeaux ou viſceres propres à digérer & à tranſmettre les ſucs divers des plantes. Auſſi eſt-ce par la diſſection de la tige qu'il commence ſa belle anatomie, chef-d'œuvre de l'eſprit humain, dont je voudrois pouvoir enrichir notre langue.

La tige de preſque tous les arbres a une enveloppe commune qu'on nomme *écorce*, qui eſt liſſe & polie, lorſqu'ils ſont jeunes, & qui devient rude & pleine de crevaſſes en vieilliſſant : cette écorce eſt compoſée de *l'épiderme ou cuticule*, qui recouvre une eſpece *d'enveloppe cellulaire*, formée par les inſertions de la moëlle entre les vaiſſeaux ligneux ou fibres longitudinales. Sous cette enveloppe cellulaire, se trouve le *tissu réticulaire* ainsi nommé, parce qu'il est formé de fibres ligneuses qui se croisent en différents sens, comme une espece de réseau dont les couches très-minces, en s'appliquant les unes sur les autres, forment ce qu'on appelle *le livre*, (*liber*,) d'où résulte l'accroissement de l'arbre en grosseur. Les dernieres couches du bois, formées par les *feuillets du livre*, étant plus tendres & plus herbacées que le bois de l'intérieur, se distinguent aisément par une couleur plus blanche que celle du reste du tronc, d'où elles ont pris le nom d'*aubier*.

La Vigne differe en ceci de presque tous les arbres ; elle n'a ni écorce ni aubier, mais seulement de simples fibres droites & poreuses, qui transmettent la seve par toutes les parties du bois ; au lieu que dans les autres arbres, les fibres ligneuses des couches les plus anciennes, se durcissent & s'obliterent, au point qu'elles ne peuvent plus transmettre la seve, comme les fibres ouvertes du *liber* & de l'aubier. C'est cette porosité du bois de la Vigne, & la direction verticale de ses fibres ligneuses, qui fait que la seve crue en sort avec tant de force

& d'abondance à la moindre incision que l'on y fait au Printemps. Le Docteur Halles ayant ajusté une jauge mercurielle à un cep, la seve en sortoit avec tant de force, qu'en douze jours de temps elle fit élever le mercure à trente-deux pouces, & dans une autre expérience à trente huit; ensorte que la force avec laquelle la lymphe des pleurs est chassée dans la Vigne, est au moins égale à une colonne d'eau de trente-six à quarante-trois pieds, ce qui sembleroit induire la nécessité des valvules, pour empêcher le retour de la séve, du moins dans les racines, aux endroits où les vaisseaux séveux s'anastomosent avec les utricules du corps spongieux : ceci pourroit fournir quelque induction contre la circulation de la seve.

On peut deviner par-là pourquoi la Vigne tend à s'élever si fort en hauteur, & la raison pour laquelle la seve produit premierement & plus abondamment la croissance aux boutons les plus élevés & les plus proches de l'extrêmité du cep & des sarments, & ensuite proportionnément & en déclinant aux boutons inférieurs ; parce qu'en se portant en haut avec impétuosité, comme une vapeur qui s'éleve, elle ne fait que passer légérement par toutes les parties inférieures, pour s'élever aux extrêmités qu'elle développe les premieres. Indépendamment de cette raison, le Soleil attire toujouts la seve dans la partie supérieure, comme la plus voisine de ses rayons.

Telle est aussi la cause de la direction & de l'élévation considérable des branches de la Vigne, si on n'arrête la seve en rognant les branches, pour la faire refluer : ce qui fait sentir la nécessité indispensable de tailler la Vigne, sans quoi la seve s'épuiseroit à donner du bois, & ne porteroit point de fruit, ou le donneroit verd. Cet inconvénient arrive toujours dans les Vignes qui n'ont point été taillées, ou dont les brins & sarments ont été taillés trop longs.

C'est encore parce que la Vigne n'a point d'écorce, qu'elle ne prend point sa croissance par l'addition des couches annuelles du *livre*. On n'y remarque pas, comme dans la coupe horizontale des arbres, les cercles concentriques qui servent à désigner le nombre des années par celui des couches ligneuses, & dont la derniere connue sous le nom d'*aubier*, n'a pas encore acquis cette dureté des autres couches de bois formé. Dans le bois de la Vigne au contraire, la seve

sortant

ŒNOLOGIE. 49

sortant avec abondance des racines, & s'épaississant en s'élevant, s'unit également à toutes les parties du brin qu'elle grossit toutes ensemble, & n'y forme aucune couche corticale : chaque année, elle détache seulement la pellicule extérieure formée des fibres ligneuses qui se desséchent.

La même cause peut encore servir à expliquer pourquoi le bois de la Vigne est de si longue durée. On observe dans le Journal Encyclopédique du mois de Mai 1766, que la Vigne vit trois cens ans, & qu'elle dure plus que la plupart des autres arbres. La raison m'en paroît toute simple : dans les autres arbres, les parties ligneuses du cœur de la tige, se durcissent & s'oblitèrent au point qu'elles ne peuvent plus transmettre la seve ; dans ce cas, le séjour des liqueurs qui ne circulent plus librement, occasionne la carie & des ulcéres dans la partie interne & ligneuse du tronc : d'où il arrive ordinairement qu'on voit des arbres fort élevés conserver la vie & leur feuillage par la seve qui leur est transmise par les couches corticales, l'intérieur étant absolument pourri & desséché. Le bois de la Vigne est bien différent, parce que n'ayant ni écorce, ni couches corticales, mais

E

seulement des fibres poreuses qui transmettent la séve par toutes les parties du bois, sa libre circulation l'empêche de se corrompre; & si l'intérieur du bois de la Vigne étoit gâté ou altéré, le cep mourroit. Ce même bois n'ayant point d'aubier, est aussi un des plus durables après qu'il a été coupé & employé sec. Pline nous apprend qu'on montoit au comble du Temple de Diane à Ephese, par un escalier fait de bois de Vigne, qu'on avoit choisi de préférence à cause de son éternelle durée, *nec est ligno ulli æternior natura.*

Nous avons comparé la tige à l'estomac des animaux, comme si elle étoit composée de visceres propres à digérer les différens sucs & la limphe crue, pompée par les racines. On remarque en effet dans la tige de la Vigne, comme dans celle des autres arbres, des fibres ou vaisseaux de différens genres; les uns qui sont droits & percés à jour comme des tubes capillaires, sont *les vaisseaux seveux* propres à transmettre la limphe. Les autres qui sont plus gros que les vaisseaux limphatiques dont nous venons de parler, semblables aux arteres des animaux, paroissent destinés à contenir le suc propre & particulier à chaque plante. Ce qui leur a fait donner le nom de *vaiſſeaux propres*. La liqueur qu'ils contiennent, varie ſuivant les eſpeces ; elle eſt blanche dans les tithymales & le figuier, verte dans la pervenche, rouge dans l'artichaux, jaune dans l'éclaire, gommeuſe dans le ceriſier, réſineuſe dans les pins ; & dans d'autres, ſa couleur & ſon goût ſont peu différents de la limphe, ce qui expoſe à confondre ces ſortes de vaiſſeaux. Cependant il n'eſt aucune plante qui n'ait ſes vaiſſeaux propres, dans leſquels coulent les ſucs qui différencient chaque eſpece, enſorte que le Vin peut être regardé comme le ſang de la Vigne, qui ſe rend par les vaiſſeaux propres dans la pulpe du fruit, où la chaleur du ſoleil & une douce fermentation le perfectionnent lentement juſqu'à ſa maturité.

Pour imaginer comment ce ſang peut ſe former dans les vaiſſeaux propres de la Vigne, que l'on ſe rappelle ce que nous avons dit de la moëlle qui eſt fort abondante dans cette plante, & des inſertions qu'elle jette entre les fibres ligneuſes des vaiſſeaux lymphatiques. La moëlle & ſes inſertions paroiſſent ſous la forme d'une ſubſtance grenue ou d'un aſſemblage de véſicules jointes bout à bout en chapelet, ſans communication ſenſible, quoiqu'elles paroissent anastomosées avec les fibres ligneuses ; car lorsqu'on arrache ces fibres, les utricules suivent après, comme y étant attachés, & la formation des galles semblent confirmer cette idée. C'est dans ces utricules transversaux, que la seve crue qui monte par les vaisseaux lymphatiques, filtre ses parties nourricieres & les sucs les plus analogues à la plante ; & après la digestion qui s'en fait par leur séjour dans les utricules du corps spongieux cellulaire, les utricules versent ce suc ou sang de la plante, dans les arteres ou vaisseaux propres, d'où il se rend dans les fleurs ou les fruits.

Mais quel est le principe moteur qui met en jeu tous ces organes ? Quel est le viscere dont les contractions & les dilatations successives communiquent la vie à la plante, & empêchent le sang & la lymphe de croupir dans leurs vaisseaux ? C'étoit une découverte réservée à l'illustre Malpighy. Outre les vaisseaux lymphatiques & les vaisseaux propres, il en est d'autres d'une troisiéme espece, que l'on a nommés *vaisseaux aeriens ou trachées*, à cause de leur ressemblance avec les trachées des insectes, & parce que Malpighy qui les a découverts, les regardoit effectivement comme les organes de la respiration des plantes. Les trachées sont formées par les différents contours d'une lame fort mince, plate, un peu large, élastique & tournée en spirale, & qui paroît enfermée dans des tuyaux particuliers, plus gros que tous les autres vaisseaux de la plante, & plus grands dans les racines qu'au tronc. Quand on déchire ces vaisseaux, on s'apperçoit qu'ils ont une espece de mouvement péristaltique, causé par l'effet de ces lames tournées en maniere de tire-bourre, dans un sens contraire au mouvement diurne du soleil, selon la remarque de Hales. Les trachées ne sont bien sensibles que dans le jeune bois & les bourgeons, parce qu'elles sont trop adhérantes au vieux bois; mais c'est sur-tout dans les pétioles des feuilles, & le long de leurs principales nervures, ainsi que dans toutes les parties de la fleur & de la fructification, que les trachées se trouvent en plus grand nombre; ces trachées, en forme de tuyaux assez droits dans la tige, s'élargissent & se répandent en maniere de réseau, dans toute la capacité des feuilles & des pétales où elles aboutissent à des ouvertures.

La respiration est si nécessaire à tous les corps organisés, que la nature les a pourvus à dessein d'organes propres à cette fonction. Comme les trachées, qui sont ces organes dans les plantes, se trouvent en quantité dans les racines, il est à croire que l'air mêlé aux vapeurs qui s'élevent du sein de la terre, & à la seve qui s'introduit par les suçoirs des racines, passe de-là dans les trachées pour les remplir & les distendre, & pour conserver, par leur élasticité & leur mouvement vermiculaire, *la fluidité & la fermentation des liqueurs contenues* dans les vaisseaux lymphatiques, dans les utricules de la moëlle, de l'écorce & des insertions, & dans les vaisseaux propres.

Ce mouvement doit beaucoup faciliter la filtration des liqueurs dans ces différens vaisseaux ; car l'air contenu dans ces trachées élastiques, subit les mêmes altérations & vicissitudes que l'air extérieur environnant : il se condense & se raréfie, non-seulement à proportion du degré de température du climat & de la saison, mais aussi selon les alternatives du chaud & du froid, du jour & de la nuit, & il occasionne dans les trachées élastiques, par ces mouvements successifs & contraires, un *mouvement péristaltique* qui resserre & comprime les vaisseaux seveux & les appendices utriculaires qui y sont attachés ; la lymphe forcée par-là d'entrer dans ces utricules, y fermente, s'y filtre, & s'en sépare pour passer de-là dans les vaisseaux propres, dont les ramifications déliées & imperceptibles, portent, avec le sang ou le suc propre, le mouvement & la vie à toutes les parties. La dilatation de l'air dans les trachées, en forçant le suc fermenté & préparé à s'extravaser dans les parties contigues pour les nourrir, dispose en même-temps les utricules & les vaisseaux ainsi vuides, à recevoir les nouveaux sucs, tels qu'ils sont pompés par les racines ; méchanisme admirable, par la simplicité de la cause, & par la multiplicité des effets qui conviennent à tout le regne végétal. La nutrition & l'accroissement des animaux, sont dûs à la même cause.

La Vigne a des trachées beaucoup plus grosses & en plus grande quantité que la plupart des autres plantes, aussi demande-t-elle une respiration libre, une exposition chaude & élevée, un air pur & serein, point de vapeurs épaisses, de brouillards, ni de temps nébuleux, comme dans les fonds bas & marécageux, dans les lieux couverts, &c.

. . . . *Denique apertos*
Bacchus amat colles.

Enfin, tous accidents ou maladies qui bouchent ou interceptent la forte transpiration de la Vigne, comme le Rougeot, la perte des feuilles, &c. la font périr ou empêchent son fruit de mûrir.

La tige de la Vigne se divise par le haut, de même que les racines par le bas, en plusieurs branches, (*brachia*,) & sarments, (*à verbo serendo quasi seramentum.*) Les anciens appelloient *duramina*, ces premieres divisions de la tige en plusieurs bras ou sarments ; & les jets de l'année, qui venoient sur ces branches, se nommoient *palmites, qui veluti palmæ quædam è brachiis quot annis prodeunt.* L'extrêmité des jets de l'année, s'appelloit *sagitta*, parce que ces jets en perdant vigueur, en s'alongeant trop, finissent en pointe comme une *fleche*. Le bout du sarment qu'on a laissé dans la taille, de la longueur de deux ou trois yeux pour porter du fruit, est appellé par Caton, *custos vinarius*, & par Columelle, *resex*.

Les branches & sarmens sont chargés de boutons. Lorsqu'ils commencent à se développer, on les nomme bourgeons, de *burio*, fait de *burra*, parce qu'ils sont enveloppés d'une espece de bourre ; ces bourgeons renferment du fruit, lorsqu'ils sont plus larges que longs, & ne produisent que du bois, s'ils sont petits & pointus.

Les mêmes branches ou sarments pouffent aussi dans les nœuds, des feuilles ou pampres: *pampinus est folium vitis, sic dictum quod de palmite pendeat.* Les branches sont composées des mêmes parties que la tige, & les feuilles sont aussi composées des mêmes parties que les branches ou sarments qui les portent; car le pétiole ou pédicule des feuilles prend sa naissance des fibres ligneuses, intérieures, & des autres vaisseaux, qui, après avoir été ramassés en paquet dans le pétiole, s'élargissent ensuite en forme d'éventail, dans le corps de la feuille. Le pétiole se divise en plusieurs côtes qui forment des saillies sous la partie inférieure de la feuille, & qui se subdivisent en une espece de *plexus réticulaire*, dont les utricules toujours pleins de suc, remplissent les intervalles.

On peut donc considérer la feuille comme une tige ou une branche qui seroit *applatie* : on retrouve en effet l'épiderme, les utricules, les vaisseaux lymphatiques, les vaisseaux propres, & les vaisseaux aériens ou trachées dans le pétiole ou pédicule ; la partie dilatée de la feuille n'est qu'une expansion & une ramification de tous ces vaisseaux dont les filets capillaires s'entrelacent, s'anastomosent les uns dans les autres, & viennent aboutir à des mammelons ou glandes corticales qui sont sur l'épiderme qui les recouvre. Les intervalles de ces entrelacements, sont, comme nous l'avons dit, remplis par les utricules qui restent toujours succulents, & dans leur état de verdeur.

On remarque entre ces utricules & les fibres ramifiées, des espèces de sacs ou de bourses, dont l'orifice entr'ouvert dans les uns, paroît être l'épanouissement des trachées pour laisser passer l'air, & dans les autres où aboutissent les vaisseaux propres, *l'endroit excrétoire des plantes* : on paroîtra peut-être surpris de cette singularité, mais qu'on lise l'ouvrage de l'Abbé Poncelet, & celui de M. de Saussure.

L'abondance & la largeur des feuilles de la Vigne indique leur nécessité : on diroit même, à voir cette énorme quantité de feuilles dont se couvre un seul pied de Vigne, que cette plante ne végéte que pour les porter. Le principal but de la nature dans leur formation, paroît avoir été de les faire servir à la digestion & à la coction des sucs des plantes.

En effet la portion de la seve qui est montée par les fibres verticales, ou vaisseaux lymphatiques, dans les feuilles d'où elle se répand, dans les utricules succulents dont les feuilles sont remplies, s'y mêle avec l'ancien suc qui la fait fermenter à l'aide de la chaleur de l'air ambiant & du soleil. La chaleur & les rayons du soleil ayant plus de prise sur les feuilles, que sur les autres parties de la plante, favorisent l'évaporation des parties aqueuses de la seve, & la secrétion des parties inutiles, par les organes exécrémentiels dont nous avons parlé. C'est ce qui fait que la nature semble avoir accordé aux feuilles des especes de glandes, comme les poils, les tubercules, les globules, &c. selon les especes, pour filtrer & cribler les liqueurs, afin de les reporter plus pures aux parties qu'elles doivent nourrir.

M. de la Baisse a vû les teintures colorées que les vaisseaux lymphatiques ont portées jusqu'aux feuilles, passer aux utricules, & redescendre par l'écorce. Ses expériences semblent prouver une vraie circulation ; ce qui est encore confirmé, à ce qu'il paroît sans replique, par la différence des sucs propres, ou de la seve nourriciere avec la lymphe ou seve aqueuse ; mais quand même on refuseroit d'admettre une vraie circulation, on ne peut nier le retour de la seve, qui s'élabore dans les feuilles & dans les fleurs, aux parties qu'elles doivent nourrir. Otez les feuilles d'un cep de Vigne, quand le verjus commence à tourner, les raisins se fanent aulieu de mûrir; la même chose arrive quand les Vignes ont le rougeot. La communication du suc des feuilles, les unes aux autres, & des feuilles à toutes les parties de la plante, est sensible & incontestable d'après les belles expériences du Docteur Hales.

Une autre utilité non moins évidente, que la plante retire de ses feuilles, c'est qu'elles servent à la transpiration de l'humeur surabondante; transpiration si considérable, que, selon le Docteur Hales, un pied de soleil, (*corona solis*,) à masses égales & dans des tems égaux, tire & transpire dix-sept fois plus qu'un homme; que la transpiration d'un cep de Vigne mis dans un pot, est d'environ six onces en douze heures de jour. C'est cette prodigieuse transpiration qui fait qu'il monte toujours un nouveau suc dans la tige & dans les branches, & qu'il en entre de la terre dans la racine, pour remplir la place de celui qui monte dans la tige. Sans la transpiration, & si les feuilles ne tiroient point le suc des branches & de la tige, ce suc régorgeroit & croupiroit dans la racine, la fermentation ne se feroit plus, le mouvement & la circulation cesseroient, &c. Les expériences de M. du Fay, dans les Mémoires de l'Académie des Sciences, année 1743, confirmées tout nouvellement par celles du Pere Cosse, prouvent que ces gouttes d'eau qui restent attachées aux feuilles, & que nous prenons pour de la rosée, ne sont autre chose que de la lymphe qui transsude par les feuilles. Cette transpiration doit se faire avec d'autant plus de vitesse & d'abondance, qu'il doit passer dans la plante une grande quantité de seve crue pour lui fournir la matiere nutritive propre à son accroissement & à son développement ; c'est la diminution ou l'excès de cette transpiration qui est la source de la plupart des maladies des plantes.

Un troisiéme avantage que les feuilles procurent à la plante, c'est qu'elles servent à l'inspiration & à la nourriture qu'elle prend par cette voie ; le célebre Physicien de Geneve, dans le plus bel ouvrage de Physique qui ait paru dans notre siécle, observe que les feuilles ont deux surfaces ; la *supérieure*, qui est ordinairement lisse & lustrée ; & l'*inférieure*, pleine de petites aspérités, garnie de poils courts, dont les nervures ont du relief,

& dont la couleur toujours plus pâle que la supérieure, n'a que peu ou point de lustre : ces différences assez frappantes, ont sans doute une fin. La surface inférieure ne seroit-elle pas destinée à pomper la rosée & les vapeurs qui s'élevent continuellement du sein de la terre ? C'est pour s'en assurer, que *M. Bonnet* a fait une infinité d'expériences. Des feuilles de Mûrier appliquées par leur surface inférieure, sur un vase plein d'eau, sans que le pédicule y trempe, se sont conservées vertes & saines pendant plus de dix mois ; aulieu que lorsqu'elles pompoient l'eau par leur surface supérieure, elles se sont fanées dès le cinquiéme jour. Les feuilles de la Vigne appliquées sur l'eau par leur surface supérieure, ont passé en aussi peu de temps que celles qui ont été laissées sans nourriture. Celles qui ont pompé l'eau par leur pédicule, ont survécu à celles qui l'ont tiré par leur surface supérieure, &c.

S'il est bien prouvé que les plantes tirent de l'humidité par leurs feuilles, il ne l'est pas moins qu'il y a une étroite communication entre ces feuilles, & que cette communication s'étend à tout le corps de la plante. Voyez, pour vous en convaincre, les belles expériences du

Docteur Hales. On peut donc assurer que la Vigne est plantée dans l'air, à peu près comme elle l'est dans la terre; les feuilles sont à ses branches, ce que le chevelu est aux racines; l'air est un terrein fertile, où les feuilles puisent abondamment des nourritures de toute espece; la nature a donné beaucoup de surface à ces racines aëriennes, afin de les mettre en état de rassembler plus de vapeurs & d'exhalaisons: les poils dont elle les a pourvues, arrêtent ces sucs; de petits tuyaux toujours ouverts, les reçoivent & les transmettent dans l'intérieur: on peut même avancer que la Vigne qui se plaît sur les côteaux les plus arides, se nourrit plus du fluide de l'air & de ce qu'elle aspire par ses feuilles, que de ce qu'elle reçoit par les racines; c'est ce qui fait que les racines de la Vigne sont si greles, tandis que ses feuilles ont tant de surface; les fréquentes rosées lui fournissent d'abondantes nourritures, dont elle perd d'autant moins, qu'elle a plus de bouches préparées pour les recueillir. Les Vignes des Azores viennent dans des fentes de rochers où il n'y a point de terre, & elles poussent au dehors, les plus belles productions; tandis que celles qu'on plante dans la plaine, n'y réussissent pas.

Pline obferve qu'en Theffalie, un fleuve qui bordoit des vignobles fameux, ayant changé fon cours, toutes les Vignes furent brûlées & périrent par la privation des rofées qui s'élevoient de la riviere.

L'air & la lumiere elle-même entrent dans les feuilles pour nourrir la plante & fon fruit ; il fort plus de boutons fur le côté expofé au foleil, que fur celui qui n'eft jamais favorifé des regards de cet aftre bienfaifant. Toutes les plantes qui ne jouiffent pas de la vue directe de fes rayons, font étiolées, décolorées & de peu de produit, quoiqu'elles foient plantées dans le même terrein, & qu'elles jouiffent de la même température de climat, du même degré de chaleur, &c. Des raifins violets, très foncés, renfermés dans un étui opaque, avant qu'ils euffent commencé à changer de couleur, n'y ont pris qu'une teinture d'œil de perdrix. D'autres raifins de la même efpece, renfermés en même temps dans un étui vitré, s'y font colorés comme à l'ordinaire. * La qualité chaude des Vins, l'inflammabilité de l'eau-de-vie & des efprits ardents qu'on en retire, la

grande

---

* Cette belle expérience due au Savant Mr. BONNET, prouve inconteftablement que les parties de la lumiere en-

grande quantité d'air unie au moût, & qui le fait fermenter, le tartre qui contient le tiers de son poids d'*air principié*, &c. &c. sont des preuves sans replique, que la Vigne a été nourrie en grande partie, du fluide de l'air & des particules du feu & de la lumiere. La Vigne a donc été pourvue d'organes propres à aspirer ces matieres élémentaires & subtiles ; & ces organes paroissent se trouver dans la partie supérieure des feuilles, dont l'usage consiste à fournir un filtre plus fin, qui ne laisse passer que les principes les plus subtils de l'air & de la lumiere. Telle est apparemment la cause physique de cette propension des feuilles à tourner leur surface supérieure vers le ciel & le soleil, au point que des feuilles assujetties, de

---

trent, comme parties constituantes, dans le fruit de la Vigne. C'est ce que l'Abbé Frugony a expliqué en si beaux Vers, dans son Poëme charmant de l'Automne.

Vedi, quanti Racemi in oro tinti
Già dai materni tortuosi rami
Pendon tra Verdi foglie. In essi il sole,
Padre del giorno, e delle cose padre,
Un raggio imprigiono dell'aurea luce,
Un raggio avvivator, che poi passando
Col largo Vin dei bevitor nel sangue,
Divien'aura di Vita, &c.

il est des plans spongieux d'un tissu lâche, qui par conséquent pompent beaucoup de suc de la terre, comme les *Gamès de Bourgogne*, qu'on appelle *Gauvais* dans l'Orléanois. Ces plans donnent du Vin qui a le défaut de celui des jeunes Vignes ; il est aqueux, & par-là très disposé à se gâter promptement : nous parlerons avec quelque étendue, des différentes sortes de plans dans l'article suivant, parce que cet objet est des plus essentiels pour la qualité des Vins.

Enfin, puisque la feuille fournit autant & plus de nourriture à la Vigne, que ses racines, il est évident qu'il faut laisser beaucoup plus de pampres & de feuilles dans les Vignes exposées sur des côteaux secs & arides, que dans les Vignes plates, ou dans celles dont les terres fortes retiennent l'eau & l'humidité, parce que dans le premier cas, on doit multiplier les bouches qui doivent fournir à la Vigne une nourriture que le sol refuse à ses racines, & que d'ailleurs, on empêche par ce moyen, la plante d'être brûlée.

On ne doit pas non plus épargner les coups à la terre, parce que le sol remué plus souvent, en retient mieux les rosées & les influences de l'air, ce qui facilite d'ailleurs l'élévation des vapeurs du sein de la terre pour nourrir la Vigne par la surface inférieure de ses feuilles, &c.

C'est ainsi que la saine pratique & la bonne culture sont fondées sur les raisonnements d'une théorie éclairée par les lumieres de la Physique. Mais où trouvet-on des Vignerons Physiciens ? Il n'appartient qu'aux Sociétés d'Agriculture d'en former, & malheureusement on leur préfére par tout les Sociétés Littéraires.

ARTICLE TROISIÉME.

Especes de Vignes des anciens.

Les anciens, auxquels nous nous croyons supérieurs, nous surpassoient dans presque toutes les Sciences, mais surtout dans les Arts, & principalement dans celui de l'Agriculture, & dans l'intelligence de l'économie rurale ; ils connoissoient bien mieux que nous, les différentes sortes de plans de Vignes ; ils avoient des especes différentes pour les différentes expositions & les divers terroirs ; ils sçavoient les mélanger si à propos, qu'ils imitoient toutes sortes de Vins étrangers, &c.

Ils cultivoient la Vigne à deux fins :

l'une, pour avoir du fruit propre à manger & à servir sur leurs tables ; l'autre, pour faire du Vin. C'est d'après cette distinction que Columelle conseille de ne cultiver les especes propres à manger, que lorsqu'on a des héritages près de la Ville, où l'on est à portée d'avoir un grand débit de ses fruits ; en ce cas, dit-il, on pourra y cultiver *les Pourprés*, ainsi nommés, à cause de leurs couleurs ; les *Rhodiens & les Libiens*, appellés du nom du Pays d'où ils ont été aportés ; les *Bumastes* qui ressemblent à des mammelles gonflées, d'où ils ont pris leur nom ; ceux appellés *Cérauniens*, à cause de leur couleur rougeâtre & transparente ; les *Dactyles*, dont la forme est étroite & allongée, & dont le grain est long comme la datte, qu'on appelle aussi *Dactyle* par cette raison ; les *Stephanites* ainsi nommés, à cause de la forme du raisin, du milieu duquel sortent des feuilles en forme de couronne ; les *Précoces* qu'ils appelloient *Duracinæ*, à cause de la dureté de leur peau ; les especes appellées *Numisanæ & Venuculæ*, qu'ils conservoient sur pied tout l'Hyver, dans des vaisseaux, & que par cette raison Horace appelloit *Ollares*, &c.

Quant aux especes à faire le Vin, les anciens distinguoient celles pour faire le

Vin de premiere qualité, telles que les Vignes *Aminées*, qui avoient reçu ce nom d'un fameux climat près de Falerne ; elles étoient de cinq sortes, *la grande germaine, la petite germaine, la grande & la petite jumelle*, ainsi nommées, parce qu'elles portoient toujours deux raisins à la fois, & enfin *l'Aminée Laineuse*. Les *Nomentanes* succédoient aux Vignes Aminées pour la bonté, elles les passoient même pour la quantité ; on les appelloit *Rubellianæ*, parce que le raisin en étoit noir & le bois rougeâtre. Il y en avoit également de plusieurs sortes ; la meilleure étoit celle dont la feuille étoit le moins découpée ; la chaleur & la secheresse leur étoient contraires, mais elles ne craignoient ni les vents ni la pluie. Les Vignes *Eugenies*, ainsi nommées d'un mot Grec qui en désignoit la bonté, mais qui dégéneroient bientôt si elles étoient transplantées. Les Vignes *Muscates*, appellées *Apianæ*, parce que les abeilles en sont friandes, & qui étoient de trois sortes, servoient à faire les Vins doux & les Vins de liqueur.

Les Vignes propres à faire le Vin de seconde qualité, telle que l'espece appellée *Biturica* du Pays d'où on la tiroit, d'un tempérament robuste qui résistoit aux vents & à la pluie, comme à la fechereffe, pourvu que la faifon fe tînt toujours la même, car elle n'aimoit pas les temps variables; la largeur & la dureté de fa feuille garantiffoit le fruit & le bois des coups de la grêle. L'efpece appellée *Bafilica*, à caufe de fon excellence, étoit à peu près de même qualité; l'efpece appellée *Albuelis*, propre à être cultivée fur les arbres, parce qu'elle porte fon fruit à l'extrêmité des farmants, à la différence de l'efpece nommée *Vifula*, qui eft une Vigne baffe qui demandoit une terre feche & legere. L'efpece appellée *Inerticula*, nommée *Amethifton* par les Grecs, & *Sobria* par Pline, parce que fon Vin n'enyvroit pas, étoit auffi dans cette feconde claffe, de même que celles qu'on appelloit *Helveolæ* ou *Varianæ*, à caufe de leur couleur particuliere qui tenoit du gris & du rouge, &c.

Les Vignes qui portoient le Vin de la troifiéme qualité, telles que les efpeces appellées *Helvenaca*, *Spionia*, *Arcelaca*, &c. &c. &c. étoient plus recommandables par la grande quantité de fruit, que par la qualité du Vin. Il feroit fuperflu de s'étendre fur l'étonnante quantité d'efpeces de Vignes que cultivoient les anciens, avec d'autant plus de raifon, que

ce

ce seroit une folie de vouloir conférer ces diverses espèces avec les nôtres, puisque les termes de comparaison sont perdus. Il nous suffit d'avoir montré par ce court détail, que les anciens avoient diverses sortes de Vignes pour adapter aux climats, aux terreins & aux expositions, & pour en corriger les vices les uns par les autres; ils ne faisoient pas comme nous, des *passe tout grain* : dans une terre dense, ils mettoient une Vigne forte, & qui jettoit beaucoup de bois : dans une terre légere, une Vigne foible, mais dont le fruit délicat, dédommageoit par sa qualité : dans les sols humides, une Vigne dont les grains durs, petits, avoient la peau calleuse, épaisse, afin que la trop grande humidité ne la fît pas pourrir ; dans les climats froids & nébuleux, ils mettoient des Vignes précoces qui pussent parvenir à leur maturité avant l'arrivée des frimats : ils plantoient dans les lieux chauds & secs, les Vignes de grand rapport, & dont le fruit gros & tendre, n'eût pas manqué de pourrir par l'humidité & les pluies : dans les cantons exposés à la grêle, & qui regardent le couchant, ils mettoient les espèces dont la feuille large & dure étoit propre à garantir le fruit, &c. Voyez à ce sujet les admirables préceptes de Columelle, liv. 3. chap. 1ᵉʳ.

Nos Vignerons font bien éloignés de connoître autant de fortes de raifins & leurs ufages ; à peine fçavent-ils diftinguer les trois ou quatre efpeces qu'ils cultivent indiftinctement dans le même fond ; enforte que ces efpeces qui ne font peut-être pas faites pour être enfemble, (fur-tout fi les termes de leur maturité ne quadroient pas,) ne peuvent manquer de donner un Vin plat & fans goût, un mixte dont les principes conftituants font toujours en guerre, & plus propres à attaquer le tempérament qu'à le nourrir & à le fortifier, & qui d'ailleurs eft fujet à pouffer, à fe corrompre, & ne peut être de garde.

Que l'on fonge qu'il y a trois cens efpeces de raifins ; qu'on en cultive même un plus grand nombre dans les jardins du Grand Duc de Florence, & que parmi cette grande quantité d'efpeces, le mélange & la proportion étudiée de quelques-unes d'entre elles, pourroient produire d'excellens Vins, & qu'ainfi la connoiffance des plans eft un article de la premiere importance pour la culture de la Vigne ; mais ce n'eft pas en l'abandonnant à des Vignerons, à des manœuvres, qu'on peut l'avancer parmi nous, ce n'eft qu'en chargeant une Société d'Agriculture, de faire diverses expériences à ce sujet, & de constater les caracteres spécifiques de chaque sorte, & leurs effets dans le mélange, pour donner telle ou telle liqueur.

L'Académie de Metz s'immortaliseroit en donnant cet exemple à toutes les autres Sociétés de Province. Comme l'avancement & le progrès des Arts utiles est le but capital de son institution, elle ne doit pas regretter la dépense où la jetteroit l'exécution d'un pareil projet ; elle est remplie de membres illustres, dont la fortune égale l'envie de faire le bien : elle pourroit par conséquent faire emplanter une piéce de douze à quinze journaux d'autant d'especes différentes, dont chaque journal ne seroit composé que d'une même espece, dont les fruits pussent mûrir en même-temps; elle chargeroit alors plusieurs de ses membres, de suivre les expériences sur chaque espece, de remarquer la maniere dont elle passe fleur, celle dont elle se gouverne jusqu'à la maturité du fruit, d'en étudier les mélanges, &c. &c. Chacun auroit, pour ainsi dire, son département, & le résultat seroit un grand service à la Nation, & en particulier, au Pays Messin, où l'on suit, comme ailleurs, la routine aulieu de la raison.

Un pareil exemple ouvriroit les yeux des cultivateurs, sur leurs plus chers intérêts; ils abandonneroient sans doute la culture des mauvais plans pour les bons. Il est évident que le gros plan dont le tissu est lâche & poreux, laisse monter *la seve crue* dans le fruit de la Vigne; cette seve, qui n'est que de l'eau avec quelques mélanges de sels terreux & de parties colorantes, ne peut donner de bons Vins; les vaisseaux ligneux & tubulaires de ces gros plans, sont trop ouverts & trop grossiers pour filtrer les huiles, les soufres & les principes éthérés du Vin, ce qui ne peut fournir qu'une liqueur où surabondent le flegme, la terre, & surtout l'acide, par le défaut de l'huile, pour en envelopper les pointes, & où le peu d'esprit qui s'y trouve, est noyé dans une trop grande quantité d'eau. Mais comme on préfére la quantité à la qualité, parce que le petit Vin a plus de débit sur les lieux, & que le peuple ne demande que de la couleur pour teindre la nappe du Cabaret, & de l'acide pour lui gratter le gosier, on multiplie plus volontiers le gros plan, comme plus fructueux & de meilleure défaite, eu égard à la différence des prix. Nos Marchands de Vin ont même l'affreuse coutume (car c'est une friponnerie capable de décrier pour jamais les Vins de France,) * de doser nos Vins fins d'une certaine portion de ces grosses plantes : aussi les Etrangers nous les laissent, parce que mauvais Vin pour mauvais Vin, le leur est tout porté dans le Pays. Les Allemands trouvent aujourd'hui les Vins de Souabe, aussi bons que ceux de France ; & dans les Pays où la Vigne ne croît point, leurs boissons froides, faites avec des grains ou des fruits, sont encore préférables à nos *ginguets*.

Ce discrédit des Vins de France, vient de ce que nous négligeons la culture des bons plans pour ceux qui rendent plus, & de ce que nous n'étudions pas la connoissance des diverses sortes de plans, & l'effet qui résulteroit du mélange des

---

* Je n'entends pas parler ici de ceux qui sont dans l'usage de falsifier & d'altérer le Vin, par le mélange de quelque chaux de plomb. Ce sont des empoisonneurs publics, qui en méritent les supplices. Il est aisé de reconnoitre ces Vins altérés, au moyen de l'épreuve par l'alcali fixe pur, ou par les foyes de soufre qui précipitent le plomb sous une couleur brune, noirâtre. Mais la meilleure épreuve est, selon M. Sage, de faire évaporer à siccité, une certaine quantité du Vin qu'on veut examiner, & de faire fondre le résidu dans un creuset. Car on obtient par ce moyen, le plomb même en culot au fond du creuset.

raisins, traité d'après la physique & l'expérience.

On pourroit par ce secret si simple, tirer du néant, des vignobles inconnus : on sait que ce sont les Beaunois qui ont fourni aux Champenois, pour MM. Colbert & le Tellier, qui possédoient de grands vignobles dans cette Province, les plans qui ont mis le Vin de Champagne en réputation. Le plan qu'on nomme le Beaunier, parce qu'il vient de Beaune, est connu dans bien des vignobles : c'est le mélange du raisin *Fromenteau* (que l'on nomme *Bureau* en Bourgogne) avec le Pineau qui a donné aux Vins de Sillery, une qualité si supérieure, qu'on les réserve pour la bouche du Roi. Les Vins de la Mozelle & du Rhin, viennent de raisins transplantés de Madere & des Canaries. Les Vins de l'Orléanois n'étoient pas en meilleur crédit que les Vins de Brie, lorsque le raisin nommé *Auvernas*, qui n'est autre chose que notre *Pineau*, les a fait connoître avantageusement ; mais comme on y fume extraordinairement les Vignes, ces raisins y ont dégénéré. Les fameux Vins de Tokay, viennent d'une espece particuliere de raisins blancs, assez approchante de celui de Malaga, & leur excellence par deſſus tous les Vins de la terre, vient plutôt de l'induſtrie, du choix du raiſin & de la maniere d'y faire le Vin, que de la nature du ſol, &c. &c.

Ces exemples frappants, devroient engager les cultivateurs du Pays Meſſin, à élever toutes ſortes de plans dans des pepinieres, afin de multiplier dans leurs vignobles les eſpeces les plus propres au climat, au ſol & à l'expoſition : que n'aurois-je pas à dire ſur la maniere la plus avantageuſe de faire ces ſortes de pépiniéres propres à élever des plans enracinés faits de boutures, ſur la nature & la préparation du terrein que demandent ces pépiniéres, ſur le choix des boutures, maillots, croſſettes ou chapons, ſur leur culture, &c ? J'eſpere me dédommager de cette contrainte dans un ouvrage à part.

Le même motif m'engage à ne pas donner, comme j'en avois le deſſein, la liſte raiſonnée des différentes eſpeces de raiſins dont il eſt parlé dans les Auteurs modernes : outre que cette liſte eſt incomplette, ce ſeul article demanderoit un volume, & de longues diſcuſſions ; je ne m'arrêterai qu'aux eſpeces les plus connues pour faire le meilleur

Vin, & à celles qu'on cultive dans le Pays Meſſin.

ARTICLE CINQUIÉME.

Eſpeces de Vignes des Modernes, de leur choix & du mélange qu'il en faut faire.

Tournefort rapporte dans ſes inſtitutions, vingt-une eſpeces de Vignes, parmi leſquelles il compte la *Vigne Sauvage*, la *Vigne Vierge*, les *Vignes de Canada & d'Amérique* : il ne cite que douze eſpeces de Vignes propres à faire du Vin ou à donner du fruit. Nous en rapporterons les phraſes Botaniques dans la deſcription que nous allons donner de ces eſpeces. Il eſt fâcheux que ce grand homme n'ait pas aſſez vécu pour travailler ſur les eſpeces, comme il l'a fait ſur les claſſes & ſur les genres. Si ſes eſpeces euſſent été plus complettes & rangées ſous certains chefs, ſes inſtitutions de Botanique euſſent été un chef-d'œuvre, après lequel il eût été inutile de rien tenter en ce genre.

Linnæus qui a bouleverſé la Botanique pour ſubſtituer ſon ſyſtême à celui de Tournefort & ſe faire chef d'école, a beaucoup travaillé sur les especes ; mais pour vouloir trop resserrer, son ouvrage est tronqué dans la partie la plus essentielle, & le surplus n'est qu'un fatras, une compilation de phrases synonymes. Il est à croire que le Savant M. Adanson nous donnera quelque chose de meilleur & de plus complet pour s'acquitter envers le public, de la promesse qu'il a faite *dans ses Familles naturelles,* de donner les especes des plantes. Je sçais que ce célébre ouvrage est déjà très avancé, & qu'il est plus complet & plus considérable que celui de Linnæus. Je saisis cette occasion pour engager l'illustre Auteur *des Familles* à nous faire part promptement de ses lumieres & des fruits de son travail.

Linnæus ne rapporte que sept especes de Vignes, & il comprend sous le nom trop générique de *vitis vinifera,* toutes les especes propres à faire du Vin ou à porter du fruit ; les six autres especes sont sous les dénominations suivantes, *Indica, Labrusca, Vulpina, Trifolia, Laciniosa, Arborea.* Mais comme nous sommes obligés de faire considérer la Vigne plutôt en cultivateurs qu'en Botanistes, nous allons sous-diviser l'espece unique dénommée par Linnæus *Vinifera,* sans entrer dans la discussion, si ces sous-divisions sont seulement des variétés ou des especes particulieres.

La Vigne se distingue en Vigne *sauvage* & en Vigne *cultivée*.

La Vigne sauvage se nomme en Latin, *Vitis silvestris*, *Labrusca*. C. B. Pin. Elle est assez connue ; le grain est de moyenne grosseur, d'une couleur noire foncée, recouvert d'une espece de fleur, comme la Vigne qui le porte. Le jus est d'une couleur rouge foncée, & il est d'un goût austere avant qu'il soit mûr, & jusqu'à ce que la grappe soit seche. Les raisins sont assez gros, mais courts ; ils ont ordinairement deux petites grappes, outre la grosse, à la partie supérieure. Les feuilles de cette Vigne sont découpées profondément, & deviennent ordinairement d'une couleur rouge foncée, avant que de tomber. *Miller. Dict.*

Cette espece croît sans culture, au bord des chemins & proche des haies ; elle ne mûrit gueres que dans les Pays chauds. M. Bidet, dans son Traité de la Vigne, en parle, mais il la confond mal-à-propos avec la Vigne Vierge : voici ce qu'il en dit. *La Vigne sauvage se nomme en Latin, Labrusca ; en François, Vigne Vierge ; c'est une Vigne qui vient de Canada, qui porte du fruit, mais qui n'est bon ni à manger, ni à faire de bon Vin; il n'a point de feu.*

Il y a dans ce passage autant de fautes que de mots. La Vigne sauvage *Labrusca*, est naturelle au sol de l'Europe ; elle est citée par tous les anciens. Ce n'est point du tout la *Vigne Vierge*, qui est une espece toute différente ; cette derniere est une sorte de *Brioine*, qui ne porte point de fruit. La *Vigne Vierge* ne vient pas de Canada, mais de *Virginie*, d'où elle a pris son nom, &c. &c.

La Vigne cultivée, appellée *Vitis Vinifera* par les Auteurs, se subdivise dans une infinité d'especes.

On peut réduire à quelques chefs, toutes les différentes sortes de raisins que nous cultivons, soit pour le jardin, soit pour le verjus, soit pour le Vin : tels sont les *Morillons* ou *Pineaux*, les *Chasselas*, les *Muscats*, les *Corinthes*, les *Malvoisies*, les *Bourguignons*, les *Bordelais*, les *Saumoireaux* ou *Prunelles*, les *Mesliers*, les *Gamets*, les *Gouais*, &c.

Il y a plusieurs especes de Morillons qui portent différents noms, tels que ceux de *Morillons*, *Gros Noirs*, *Noiriens*, *Pineaux*, *Auvernas*, &c. &c. Nous nous arrêtons principalement aux différentes sortes de Morillons ou Pineaux, parce que c'est le plan le plus généralement cultivé.

La premiere espece de Morillon est le *Morillon hâtif ou Raisin de la Magdelaine, vitis præcox Colum.* P. R. H. C'est un raisin noir qui prend couleur de très bonne heure, ce qui le fait paroître mûr avant qu'il le soit : le grain est petit, & il y en a peu sur chaque grappe dont la rafle est grosse & cassante ; il est noir, d'une couleur obscure ; il est un peu sucré & bon par année, quand il est bien mûr : on en voit d'ordinaire dès le commencement de Juillet ; c'est le plus hâtif de tous les raisins que l'on connoisse en Europe, & ce n'est que pour cela qu'on le conserve, car il n'est pas fort bon ; la peau en est dure & épaisse, la pulpe seche, les pepins gros, & le suc d'un goût fort médiocre : ce raisin est guenilleux & fort sujet aux moucherons. Il n'est bon que dans quelque coin de jardin bien exposé au midi, & à couvert des mauvais vents.

La deuxiéme espece est le *Morillon taconné, Vitis subhirsuta.* C. B. P. 299. *Vitis lanata.* Carol. Steph. Præd. Rust. C'est le plus hâtif après le précédent ; il est bon à faire du Vin, & charge beaucoup ; il produit des raisins noirs de moyenne grosseur, dont les grains sont serrés ;

il est généralement court & épais ; il porte beaucoup, & il est robuste. J'ignore pourquoi M. Bidet le nomme *Morillon façonné* ; il dit que c'est celui qui convient le mieux en Champagne ; c'est sans doute parce qu'il faut des raisins hâtifs dans ces climats froids & nébuleux ; car ce raisin ne vaut pas le suivant, connu sous le nom de *bon Pineau*. On cultive cette seconde espece de Morillon, dans plusieurs cantons du Pays Messin, comme à Jouy & ailleurs, où on le nomme *Meunier*, parce que les bourgeons de cette espece, sont comme mousseux, & que ses feuilles sont poudrées de blanc & farineuses, surtout au Printemps, lorsqu'elles commencent à pousser. L'Auteur de la Maison Rustique, dit qu'il vient bien-tôt après le hâtif, & qu'il se plaît dans les terres sabloneuses & légeres : c'est sans doute à cause de cela, que M. Bidet recommande de le mêler avec les tresseaux dans les sables legers, mais substantiels, qualités contradictoires.

La troisiéme espece, est le *Morillon noir ordinaire*, *Vitis præcox Columellæ acinis dulcibus nigricantibus*. Mill. Dict. On l'appelle *Pineau* en Bourgogne, & à Orléans, *Auvernas*, parce que la plante en est venue d'Auvergne. Baccius le nomme *Pinet*.

Il est doux, sucré, excellent à manger, & fait le meilleur Vin. Ses raisins sont de moyenne grosseur, & les grappes sont un peu plus longues que celles des autres Morillons. Le grain est un peu plus ovale & d'un beau noir, la peau fine & tendre, la chair sucrée & succulente, le fruit est entassé, & sa feuille est plus ronde que les autres de la même espece, dit l'Auteur de la Maison Rustique. Il ajoute que son bois a la coupe plus rouge que celui d'aucun raisin; que le meilleur est celui qui est court, dont les nœuds ne sont pas espacés de plus de trois doigts, & qu'il vient bien dans toutes sortes de terres.

Je ne sais si Mr. Bidet a raison d'affirmer, page 90 que ces Morillons ne peuvent faire d'eux-mêmes, un Vin qui ait *assez de corps*, & que pour les soutenir, il faut les mêler avec des *Tresseaux* qui mûrissent difficilement; mais je sais que dans la bonne côte de Bourgogne, on ne cultive que le *Pineau*, sans mêlange; ce qui n'empêche pas le Vin de Bourgogne d'être *bien corsé*.

L'Auteur de la Maison Rustique, d'où Mr. Bidet a transcrit & défiguré tout ce qu'il dit des especes de Vignes & de leurs mélanges sans le citer, nomme une quatrième espece de Morillon, qu'il appelle *Pineau aigret*, qui donne peu & de petits raisins, peu serrés, mais dont le Vin est fort, & même meilleur que celui du bon Pineau; son bois, dit-il, est plus long, plus gros, plus moëlleux & plus lâche que l'autre, les nœuds éloignés de quatre à cinq doigts, l'écorce fort rouge en dehors, & la feuille découpée en trois ou en patte d'Oie, comme le figuier.

Le même Auteur cite une cinquiéme espece de Morillon, appellé *franc Morillon ou Lampereau*, qui fleurit avant tous les autres plans, & fait d'aussi bon Vin que les autres Morillons; il a le bois noir & le fruit de même, il fait belle montre en fleur & en verd, mais à la maturité, il déchet de moitié, & quelquefois davantage.

Baccius, dans son Histoire naturelle des Vins, en parle, & dit qu'on le nomme dans le Pays *Beccane*. Liébault, *dans sa Maison Rustique, le nomme* aussi *Beccane*, & *franc Morillon Lampereau*, il croît plus en longueur & hauteur de bois, que nul autre, & les nœuds de ses jettées, sont les plus espacés.

Voici les termes de Baccius. *Ex uvis nigris sunt Morillon tres species: una cum ligni materiâ ex incisurâ valde rubescit, vite tamen nigrâ, rotundiore folio, ac congestis admodum in racemulo uvis; altera cortice admodum rubro foliis ficûs instar tripartitis.* (C'est le Pineau aigret de Liébault.) *Tertia quam & Beccanam vocant, ligno item nigro quod & sarmentis luxuriat & foliis; caducas autem vindemiæ tempore producit uvas.*

Mr. Bidet ne devoit pas oublier cette derniere espece qui est assez connue, & que l'on nomme *tendre fleur* dans le Pays Messin : on l'appelle *sous terre* en Bourgogne ; les nœuds en sont, comme on l'a dit, plus écartés que ceux du franc Pineau, & il est fort sujet à couler ; son raisin a la peau plus délicate, qui creve aisément ; les grains pourrissent facilement, quoique moins serrés, que le raisin de franc Pineau. Tous ces inconvéniens ont fait proscrire cette cinquiéme espece de Morillon dans la bonne côte de Bourgogne, où l'on n'admet que le franc Pineau connu sous le nom *de Vigne de bon plan.*

Il y a encore le *Morillon ou Pineau blanc*, aussi bon à manger que les autres Morillons, mais la peau en est plus dure : c'est un raisin de moyenne grosseur, presque rond & assez serré sur la grappe, le jus en est parfumé, mais la peau en est dure,

dure : le Supplément au Dictionnaire de Miller, le distingue de *l'Auvernas blanc*, qui est d'un blanc sâle lorsqu'il est mûr, qui n'est pas si bon à manger, mais qui fait de bon Vin blanc. Plusieurs Auteurs confondent ces deux especes, mais elles sont très-différentes. La seconde porte en Bourgogne le nom de *Menu blanc*, il est commun dans les grosses terres, & dans les endroits sujets à la gelée.

Enfin, il y a l'*Auvernas gris d'Orléans*; il ressemble assez au précédent, si ce n'est par la couleur, qui tire un peu sur le brun ; les grains sont moins serrés, & il mûrit plutôt aussi, dit Miller dans son Supplément. C'est celui de tous les *Auvernas* qui convient le mieux pour en faire des Vignes, parce qu'il mûrit aisément, & que c'est l'un des raisins les plus fondants.

Cette espece est apparemment le *Fromenteau*, si connu & si estimé en Champagne. On l'appelle *Bureau* en Bourgogne, à cause de sa couleur de bure ou tannée : on l'y cultivoit beaucoup autrefois, mais on l'a sacrifié au *franc Pineau*, qui donne un Vin plus corsé.

Je présume que le Bureau ou le Fromenteau, (tout comme on voudra l'appeller,) n'est autre chose que le Pineau

H.

dégénéré : c'eſt du moins le ſentiment de pluſieurs perſonnes, & l'on m'a aſſuré ſouvent avoir vu des branches de *franc Pineau* ſur leſquelles il y avoit un raiſin noir & un Fromenteau.

Quoique ce raiſin faſſe un Vin paillé fort délicat, cependant il eſt fumeux & capiteux. Le goût de la mode que ſuivent les Bourguignons, l'a fait proſcrire de leur Côte. Quelques particuliers le cultivent encore à Chaſſagne, Village du Bailliage de Beaune. Il eſt auſſi cultivé dans l'Auxerrois, d'où il a paſſé dans le Pays Meſſin, où on le connoît ſous le nom d'*Auxerrois*. On le cultive avec raiſon dans ces Pays, parce qu'étant plus froids que la Bourgogne, ils ont beſoin de Vignes plus promptes & plus aiſées à mûrir.

Si nous en croyons Baccius & Henri Etienne, le Fromenteau, *Frumentana vitis*, ne ſeroit point le Bureau de Bourgogne qu'on cultive à Metz ſous le nom d'*Auxerrois*; mais c'eſt une eſpece de raiſin blanc, tirant ſur le jaune, & de couleur du froment, d'où il a pris ſon nom; auſſi y a-t-il encore beaucoup d'endroits en France, & notamment à Sainte Ruphine, dans le Pays Meſſin, où l'on cultive une eſpece de raiſin blanc, ſous le nom de *Fromenteau*. Ce sont sans doute les Champenois, qui en adoptant ce raisin gris, qui convient si bien à leur climat, lui ont donné mal-à-propos un nom qui appartient, suivant l'étymologie, à quelque espece de raisin blanc.

Quoiqu'il en soit, du nom de *Fromenteau*, le raisin en est exquis, d'un gris rouge, le grain serré, la peau dure, la grappe assez grosse, le suc excellent, & qui donne un Vin fin & délicat lorsqu'il est mêlé aux autres Morillons : c'est à ce mélange, que les bons Vins de Sillery & de Versenay doivent leur mérite & leur renom, car il n'y a point de vignoble en Champagne, dit Mr. Bidet, où l'on en plante autant qu'en ces deux là.

Ce mélange dément la regle qu'il a portée ailleurs, que *les raisins blancs ne sont nullement propres à faire le Vin tant gris que rouge*, & qu'on *doit éviter de les mélanger, parce qu'ils donnent une couleur jaune au Vin*. Ce sont là deux erreurs, car à l'exception de la Champagne, tous les Vins blancs qui se font ailleurs, se font de raisins blancs. Les Vins blancs de Languedoc, les Muscats, les Vins de Saint Perré, les Vins d'Arbois en Comté, les Vins de primeure & liquoreux de Mâcon, les Vins secs de Mursaut, le Montra-

chet de Bourgogne, qui est le prem[ier]
Vin blanc du Royaume, se font t[ous]
de raisins blancs, & le mélange du F[ro-]
menteau, qui est *un raisin gris*, ne do[nne]
point de couleur jaune aux Vins gris [de]
Champagne, quoique mêlé avec les [rai-]
sins rouges.

Je ne fais qu'indiquer les autres so[rtes]
de raisins, qui se subdivisent encore [en]
une infinité d'espèces. 1°. Les *Chassel[as]*
Muscadets ou Bar-sur-Aubes. 2°. [Les]
Muscats. 3°. Les *Corinthes*, ou rai[sins]
sans pepins. 4°. Les *Malvoisies*, espe[ces]
de Muscats. 5°. Les *Tresseaux* ou Bo[ur-]
guignons, gros Vin. 6°. Les *Bordela[is]*
raisins de treille. 7°. Les *Saumoyreau[x]*
Prunelas ou Rognons de coq, raisins [de]
treille. 8°. Les *Mesliers*, bons Vins. [9°.]
& 10°. Les *Gamets* & les *Govais*, g[ros]
Vins. 11°. Le *Beaunier*, qu'on nom[me]
Servinien à Auxerre, qui charge bea[u-]
coup, & qui tire sur le *Govais blan[c]*
mais beaucoup meilleur. 12°. Les *Sau[vi-]*
gnons, fort bons raisins, rares & p[eu]
connus. 13°. Le *Pinquant Paul*, ou l[angue]
d'oiseau, Pizutelli ou raisin pointu, p[ar-]
ce qu'il a le grain gros, très-long & po[in-]
tu des deux côtés. 14°. Le *Gland*, [à]
cause de la forme de son grain. 15°. [La]
Blanquette de Limoux. 16°. La *Roch[elle]*

blanche & noire. 17°. Le *Gros noir* d'Espagne, ou Vigne d'Alicante. 18°. Le *raisin d'Afrique*. 19°. Le *Maroquin*, ou Barbarou. 20°. Le *Damas*, vitis Damascena. 21°. Le *raisin d'Italie* ou *Pergolese*. 22°. La *Vigne de Mantoue*. 23°. Le *raisin Suisse*, mi-parti, plus curieux que bon. 24°. Le *raisin de livre* ou de Dauphiné, &c. &c.

Dans les vignobles du Pays Messin, on cultive principalement deux especes de Pineaux sous le nom *de gros noirs*, & le *Fromenteau* qui y est connu sous le nom *d'Auxerrois*. Le *Meunier* est aussi connu & cultivé dans les vignobles de Jouy ; à Sainte Ruphine, il y a dans les vignobles, des plans de Vigne blanche, qu'on y cultive sous le nom de *Fromenteau*. Ce qu'il y a de certain, c'est que ce nom se donnoit jadis à une Vigne blanche, dont le raisin jaune approchoit de la couleur du froment, ainsi que je l'ai déjà remarqué. On cultive encore dans deux vignobles de Metz, situés aux environs de la riviere de Seille, divers cépages blancs, connu sous le nom d'*Aubins*, qu'on n'a pas besoin de provigner, parce qu'ils se renouvellent par des rejets du pied, &c.

Quant aux especes de Pineaux qui sont admis le plus généralement dans le Pays

Messin, sous le nom de *gros noirs*, il y en a, comme je l'ai dit, deux especes, l'une qui porte le nom de *tendre fleur*, parce qu'elle est très-sujette à couler, lorsque pendant la fleur il fait trop chaud ou trop froid : cette espece que l'on cultive à Jussy avec le Fromenteau de Champagne, qui porte ici le nom d'*Auxerrois*, donne au vignoble de Jussy la réputation de fournir le Vin le plus délicat du Pays ; & dans ce même canton particulier, l'*Auxerrois* seul, sans mélange d'aucun autre raisin, donne *un Vin gris*, qui dans les bonnes années, met en défaut les gourmets ; ils ont peine à se persuader que ce soit du Vin de Metz. Comme le vignoble de Jussy est une terre légere, il faut attribuer à la nature du terrein, plutôt qu'à l'espece de raisin, la bonne qualité des Vins.

L'autre espece de gros noir, que l'on cultive principalement en Dale & à Augny, est le *franc Pineau*, qui n'est point sujet à couler, & qui ne craint que la gelée. Ce franc Pineau mêlé avec la tendre fleur & l'Auxerrois, dans le terroir de Dale & d'Augny où la terre est grosse & forte, donne un Vin plus corsé que celui de Jussy, & que l'on compare au Vin de Bourgogne, comme celui de Jussy au

ŒNOLOGIE.

Vin de Champagne. Aux Varennes d'Ars, terre pierreuse, on ne cultive que les deux espèces de gros noir, & le Vin pour la qualité y tient le milieu entre ceux d'Augny & de Jussy.

On lit dans le Journal de Verdun, Juin 1732, que par Ordonnance des Officiers du Bailliage de la Police & de la Ville de Toul, du 5 Avril 1731, homologuée au Parlement de Metz, il a été ordonné que l'on arracheroit des Vignes les *Govaux* blancs ou noirs, les *Gamets ou Verdunois*, & les *Focans* ou grosses races.

On a eu raison d'étendre cette défense à tous les vignobles du Pays Messin. Les Vignerons auxquels on donne pour la culture les deux tiers du prix du Vin, & par conséquent plus intéressés à l'abondance qu'à la qualité, introduisoient dans les vignobles de Metz les Govais, les Liverduns, les Somirots & autres grosses espèces qui n'y pouvoient pas mûrir : l'Arrêt du Parlement leur en a sagement fermé l'entrée.

Mais a-t-on eu raison d'étendre la proscription à toutes les Vignes blanches indistinctement ? On en pourroit choisir certaines espèces plus hâtives que les autres, qui feroient peut-être d'excellents Vins, si on leur choisissoit un terrein & une exposition convenable, & sur-tout si on leur donnoit le temps de mûrir, ou si l'on savoit hâter cette maturité par quelque secret. Les excellents vignobles de Hongrie, qui fournissent les Vins de Tokay, que l'on regarde comme les premiers Vins de l'Univers, sont à peu près situés sous le même degré de latitude, que les vignobles de Metz, & c'est la qualité des especes de raisins blancs, plus encore que la chaleur du climat, & la nature du sol, qui donne ces admirables Vins. Les Hongrois ont une espece de Muscadins hâtifs, qu'ils nomment *Augster*, du temps de leur maturité qui arrive au commencement d'Août; ils les laissent sécher à demi sur pied par le Soleil, & souvent dans un four, lorsque la chaleur du Soleil ne les a pas assez desséchés; ensuite on les détache de la grappe, pour en tirer par le pressoir un suc semblable à du nectar: ce suc, après avoir fermenté, donne un Vin excellent, huileux, qui reste long-temps doux, & que l'on soutire au bout d'un an; on le sert sur la table des Rois, & les Marchands l'achettent pour améliorer d'autre Vin: c'est-là cet admirable Vin de Tokay, qui est bien plutôt l'effet du choix des plans &

de l'industrie des Habitans, que celui des mines d'or auxquelles Takenius & d'autres l'attribuent.

Puisque ces vignobles sont à peu près sous la même latitude, qui empêcheroit de faire des essais semblables sur quelques especes de Vignes blanches, avec d'autant plus de raison, que l'on sçait que le cepage blanc craint moins la gelée que les autres, & par conséquent convient mieux aux Pays froids? Le choix des especes hâtives suppléeroit au défaut de maturité des autres especes, l'exposition au midi, le four en certains cas, &c.

Ce qui semble confirmer mon opinion, c'est que les especes de Vignes blanches dont on a permis la culture à Sainte Ruphine, & qu'on cultive sous le nom d'*Aubins*, dans deux vignobles de Metz où la terre est forte, y donnent néanmoins un fort bon Vin qui est même recherché, lorsqu'on a eu la patience de le laisser mûrir, soit à la Vigne, soit à la cave. Il est vrai que ces especes d'Aubins n'ont pas réussi ailleurs; mais que sçait-on ce qui seroit arrivé, si l'on eût fait les mêmes tentatives avec des especes plus précoces? Toute proscription universelle est toujours nuisible, en ce qu'elle empêche les essais & les expériences.

Je conviens que pour réussir, il faudroit que les cultivateurs s'attachassent spécialement à connoître les différentes especes dont je donnerai le catalogue raisonné dans un autre ouvrage, si celui-ci est agréé. Il faudroit encore que l'on prît l'habitude de les cultiver par cantons séparés, pour apprendre à connoître & à distinguer chaque espece.

Que l'on songe qu'il y a plus de trois cens especes de raisins connues des curieux, tandis que les Vignerons ne sçavent distinguer que le raisin noir, le raisin blanc & le verjus. L'obscurité de la nomenclature a arrêté les progrès de nos connoissances sur cette partie : & pour nous en tenir aux seuls raisins de vignobles, que d'especes différentes en France, & que de confusion dans les noms qui empêcheront ceux qui écrivent sur la Vigne, de s'entendre ou d'être entendus, tant que l'on n'aura pas fixé par des caracteres invariables, les noms & les propriétés de chaque espece ? cette remarque fait sentir la nécessité de porter dans l'Agriculture les lumieres de la Physique, l'étude de la Botanique, & la précision des Méthodistes. Je n'en veux d'autre témoignage que ce passage du Théatre d'Agriculture d'Olivier de Serres,

ŒNOLOGIE.

l'un de nos meilleurs & de nos plus anciens Auteurs Economiques.

„ Quant aux especes de Vignes des
„ anciens, ce sont lettres closes pour
„ nous, & non plus aujourd'hui ne sont
„ indifféremment reconnus les noms des
„ raisins dont on use le plus en divers
„ endroits de ce Royaume, qui sont *Ni-*
„ *grier*, *Pineau*, *Piquepoule*, *Murlon*,
„ *Foirard*, *Brumestres*, *Piquardans*, *Vi-*
„ *gnes caunées*, *Saumoiran*, *Ribier*, *Bec-*
„ *cane*, *Pourhette*, *Rochelois*, *Bourde-*
„ *lois*, *Beaunois*, *Malvoisie*, *Mestier*,
„ *Marroquin*, *Bourboulenc*, *Colitor*, *Vo-*
„ *loline*, *Corinthiens* ou *Marine noire*,
„ *Grecs*, *Salers*, *Espagnols*, *Augibi*,
„ *Clerette*, *Prunelas*, *Gouvest*, *Abeillane*,
„ *Pulceau*, *Tresseau*, *Lombard*, *Morillon*,
„ *Sarminien*, *Chatrés*, la *Bernelle*, &
„ autres infinis qu'il seroit impossible de
„ représenter par le menu. Virgile, en
„ donnant ce témoignage, dit que

„ La Vigne est différente
„ En autant de surnoms,
„ Comme on voit abondante
„ La Libie en sablons,

„ pour laquelle confusion de noms, n'est
„ possible assigner à chacune espece de
„ raisin, sa place & son particulier goû-

I ij

« vernement, bien que pour l'avantage
« de la Vigne, cela fût à désirer : car
« comment pourrions-nous exactement
« ordonner de ces choses, vû que ne
« reconnoissons du tout les noms des-
« quels est question ?

Il seroit donc bien intéressant pour la culture de la Vigne, que la diversité des raisins fût invariablement fixée avec tous les synonymes de chaque espece & les noms *vulgaires* que portent ces especes dans les divers vignobles du Royaume. Ce ne peut être, comme nous l'avons dit, que l'ouvrage des différentes Sociétés d'Agriculture établies dans les Provinces.

C'est d'après cette connoissance préliminaire des diverses sortes de complants, que l'on sera en état de s'attacher à distinguer ceux qui seront propres aux divers terreins. C'est à l'expérience seule à nous instruire là-dessus ; car ce que nous en dit M. Bidet, *tom. 1. chap. 25.* n'est propre qu'à nous jetter dans l'erreur. Il prétend que dans les terres fortes, il ne faut planter que des Morillons ou Pineaux noirs, & y mêler des Tresseaux : *il est vrai*, continue-t-il, *que celui-ci ne parvient pas à son degré de perfection*, &c. Mais duquel M. Bidet veut-il parler ?

Quel raisin entend-t-il désigner *par celui-ci* ? Il donne clairement à entendre que c'est le *Tresseau* ; mais l'Auteur de la Maison Rustique, d'où ce passage est tiré, *tom. 2. pag. 367.* parle au contraire du Pineau, & soutient que dans les terres fortes, cet excellent raisin ne parvient jamais au haut degré de perfection qu'on peut attendre de lui, quelque chaleur qui puisse survenir ; parce que dans les terres fortes l'eau du raisin retient toujours quelque chose de l'humidité naturelle à cette terre, ce qui émousse les esprits du Vin : d'ailleurs les terres fortes étant toujours froides & humides, la seve en montant d'un lieu d'un tempérament froid, dans le raisin, n'y trouve point assez de chaleur pour s'y raréfier.

Mais quoique le Pineau ne puisse atteindre dans les terres fortes, la perfection qu'il a dans les terres légeres, il est toujours plus avantageux d'y mettre des Pineaux que de gros plants qui n'y mûrissent jamais.

M. Bidet ne permet que de mettre du Pineau noir dans les terres fortes ; mais on a soin au contraire d'y mêler beaucoup de Pineau blanc, comme moins sujet à dégénérer que le noir. Quant aux Tresseaux qu'il recommande d'y mêler, ce mélange est fort peu nécessaire, & même désavantageux, en ce que le Tresseau ne donne jamais qu'un Vin verd & peu fondu ; mais c'est par une autre raison que celle qu'en donne M. Bidet. Cet Auteur a défiguré tout ce chapitre de la Maison Rustique, sans citer la source dans laquelle il a puisé ; s'il l'eût citée, on auroit pû du moins y recourir pour rétablir le sens qu'il a altéré.

La vraie raison pour laquelle l'Auteur de la Maison Rustique conseille de mettre des Pineaux noirs & blancs dans les terres fortes, c'est qu'étant plus disposés que les autres à mûrir promptement, ils conviennent mieux aux terres fortes qui sont plus froides de leur nature.

M. Bidet dit au même endroit, qu'en général les Pineaux ne peuvent faire d'eux-mêmes un Vin qui ait assez de corps, & que c'est la raison pour laquelle on y joint des Tresseaux qui mûrissent difficilement, afin que le Vin devienne plus naturel. Mais c'est une fausse observation sur les Pineaux, puisque toute la Côte de Bourgogne n'est plantée que de Pineaux seuls, qui font d'excellents Vins, sans mélange d'autres raisins. Ce n'est que dans les terres fortes, où le Pineau dégénérant & donnant un Vin sujet à tomber, nos anciens avoient crû devoir le soutenir par la verdeur des Tresseaux, mais toujours en petite quantité ; & l'on feroit bien de les supprimer par tout, parce qu'ils atteignent rarement le degré de maturité, seul moyen de faire de bon Vin, car il est impossible d'y réussir avec des raisins verds. Il vaudroit mieux semer des grains dans les terres fortes, que d'y planter des Vignes, puisque le Pineau y dégénere, & que les Tresseaux n'y mûrissent pas ; ou si l'on veut absolument y planter des Vignes, il faut en ce cas préférer la quantité, & n'y mettre que des Gamets & autres sortes de raisins qui chargent beaucoup, mais qui donnent un Vin détestable & sujet à pousser.

Si c'est dans les sables légers que l'on veut planter, on y met des Pineaux, & surtout des blancs : le Meunier y réussit aussi ; mais il faut principalement joindre aux Pineaux, les Mêliers ou Melons blancs qui chargent beaucoup, & qui donnent un Vin qui n'est point sujet à jaunir : la raison de ce mélange, c'est que ces sables étant beaucoup plus chauds que substantiels, conviennent à la nature des raisins blancs & des Mêliers qui demandent pour mûrir beaucoup de chaleur. Aussi dans ces sortes de sables secs

& brûlants, il faut mettre plus des deux tiers de raisins blancs, malgré la proscription portée contre eux par M. Bidet.

Dans les terres pierreuses, qui sont les véritables terres à Vignes, les Pineaux y conviennent spécialement, parce qu'ils s'y perfectionnent. On les prend noirs ou blancs, selon l'espece de Vin qu'on veut faire; & dans les Pays froids, où le Pineau n'acquiert pas toute sa perfection, on fait bien de le mélanger avec le Fromenteau qui mûrit plus aisément & qui est plus fondant.

Mais tous ces mélanges qui confondent les divers complants dans les vignobles, ont un défaut. Ils obligent d'attendre la maturité du plus grand nombre qui mûrit plus tard, pendant lequel temps les plus hâtifs se pourrissent & s'égrenent. Il seroit donc bien important de suivre à cet égard, le conseil de Columelle, qui veut que l'on distingue les divers plants par cantons séparés, & que l'on mette ensemble tous ceux d'une même sorte. Indépendamment du coup d'œil agréable qui résulteroit de cette distinction de fruits blancs, jaunes, blonds, roux, noirs, rouges, mipartis, &c. dont la variété seroit alors plus frappante & plus remarquable, il y a des raifons invincibles qui semblent l'exiger de la sorte.

1°. Toutes les especes ne passent pas fleur en même temps, & ne parviennent pas ensemble au même point de maturité; ensorte que celui qui a des Vignes où les différens cepages ne sont pas distingués, est obligé de cueillir le fruit verd avec le mur, & le mélange du premier fait tourner toute la liqueur à l'acide. Si au contraire on attend que les fruits tardifs soient assez mûrs, on perd toute la vendange précoce, qui est pourrie & égrenée. Le remede à cet inconvénient, seroit aisé, simple & point coûteux; mais la négligence fait souvent admettre les mauvaises coutumes comme des maximes; il est passé en proverbe, que *pour faire du bon Vin, il faut le mélange du fruit verd, du mûr & du pourri*. Comment des principes aussi hétérogenes, des sucs si divers, pourront-ils donner une liqueur de garde & bien fondue, indépendamment de l'apreté que donne la verdeur, & du mauvais goût que communique le pourri? C'est donc une maxime fausse, dictée par l'ignorance, & accréditée par la paresse qui ne veut pas changer les vieilles routines. Les Physiciens devroient aider à détromper le public, & à le ramener de ses préjugés sur des objets aussi intéressants.

2°. Si on séparoit les especes par cantons, on donneroit à chaque espece l'exposition qui lui convient ; car les unes aiment le Midi, parce que le froid les blesseroit ; d'autres ne réussiroient pas si elles n'étoient exposées au Nord ; d'autres exigent l'aspect du Levant ou du Couchant. L'année se comporte toujours, de maniere qu'il y a quelqu'espece de Vignes qui souffre : si elle est chaude & seche, l'espece qui aime la pluie & les brouillards, portera peu ou point de fruit ; si elle est pluvieuse, les especes qui demandent de la chaleur & de la sécheresse, seront de peu de rapport, & le Vin de mauvaise qualité, sujet à la moisissure, &c. Si l'année est trop froide, les seules Vignes précoces, réussiront ; si elle est trop chaude, les fruits précoces ne pourront attendre la maturité des autres ; ensorte que si l'on ne plantoit qu'une seule espece de Vigne, on ne feroit aucune récolte, si la saison étoit contraire à cette espece unique ; aulieu que si on a des cantons séparés de diverses especes de Vignes, il y en aura toujours quelqu'une qui s'accommodera aux variations du temps & à la maniere dont la saison se sera comportée, outre que chaque espece sera plantée dans le terrein dont la nature lui conviendra le mieux.

3°. Selon cette méthode, les vendanges de chaque espece, se feroient bien plus aisément chacune à son point de maturité; par-là on sauveroit une grande quantité de raisins des mains des Paysans, & de leurs enfans qui en mangent beaucoup depuis que les raisins commencent à prendre de la couleur, ce que l'on appelle *vérer* en Bourgogne, jusqu'au temps de la maturité. Ce seroit aussi un moyen de s'éclaircir par l'expérience, quelle portion de ces raisins vendangés séparément, il faudroit mêler ensemble pour faire le Vin le mieux conditionné, quelle quantité de Vin plus ferme, plus coloré il faudroit pour soutenir & donner du corps à un Vin plus délicat, &c. alors la Physique éclairée par l'expérience, établiroit des régles sûres pour les mélanges & les proportions dans le temps de la fermentation, qui est le seul où ces mélanges puissent opérer. Si l'on ne vouloit point de mélange, alors tous les raisins de même qualité, vendangés à la fois & pris au même point de maturité, donneroient par ce moyen des Vins purs, nets, également fondus, une liqueur homogene, dont aucun principe étranger ne hâteroit la corruption, & qui ne feroit que se bonifier avec l'âge. Lorsque le Vin bien fait, & composé de raisins également murs, a pû passer une dixaine d'années, il n'est plus sujet à se tourner ni à se corrompre.

4°. Enfin, (car je ne finirois pas si je voulois rapporter tous les avantages de cette méthode,) lorsque les divers cepages sont séparés par cantons, la taille & la culture en sont bien plus aisées; elles se font dans les temps & de la maniere qui conviennent à chaque espece. En effet, il y en a qui demandent qu'on leur laisse plus ou moins de jets, sarments ou brins à fruits, selon leur degré de force ou de foiblesse; il y en a d'autres qu'il faut tailler plus long ou plus court, plutôt ou plus tard; d'autres qu'il faut provigner & cultiver d'une façon différente, &c. &c. Il est impossible qu'on suive ces régles essentielles à la Vigne, dans les mélanges des ceps: lorsqu'ils sont dépouillés de leurs feuilles & de leurs fruits, les Vignerons, ou du moins la plupart d'entre eux, ne les reconnoissent plus, & ne peuvent appliquer à chaque espece, la façon, la forme & la taille qui leur conviendroient. Aussi les Vignes qui feroient d'un si bon produit, si on observoit ces principes fondés sur la nature de la chose, dépérissent toutes par l'ignorance des cultivateurs. C'est ce qui décrie cette sorte d'héritage, au point que l'on ne veut plus de vieilles Vignes. On préfére les jeunes plantes, parce que de quelque maniere qu'elles soient gouvernées, bien ou mal, le produit en est toujours fort considérable les douze ou quinze premieres années ; mais aussi le Vin en est bien plus mauvais, & d'une garde moins sûre, & c'est là la vraie cause qui fait abandonner les Vignes sur côteaux, & qui fait tomber les Vins de France en discrédit, tandis qu'il seroit possible de conserver les vieilles Vignes au même point de fertilité que les jeunes, si leur culture étoit bien entendue.

Après ces recherches sur les caracteres génériques de la Vigne, sur la structure & l'usage de ses diverses parties, sur les especes les plus propres à faire le meilleur Vin, & sur les différents mélanges d'especes de raisins pour parvenir au même but, nous devons traiter dans le chapitre suivant, de l'exposition & des terreins les plus convenables à la Vigne, de la meilleure maniere de la planter, & des façons qu'on doit lui donner.

CHAPITRE III.

Du climat & de la température convenable aux Vignes, de leur exposition, du choix & de la préparation du terrein, de la maniere de planter & de cultiver une jeune Vigne.

ARTICLE PREMIER.

Observations générales sur les vignobles de bons crûs : température du Pays Messin, & qualité des vignobles de Metz.

SI le choix des especes de Vignes, contribue essentiellement à la qualité du Vin, il faut aussi convenir que la température du climat, la bonté de l'exposition, & la nature du terrein y entrent également pour beaucoup, en aidant à la bonne qualité du fruit & à la maturité du raisin, sans laquelle maturité on ne peut obtenir une bonne liqueur : c'est ce qui fait dire à de Serres, que *l'air, la terre & le complant font le fondement du vignoble.*

Le Vin est le plus beau de tous les mixtes, & l'une des plus parfaites productions de la nature : c'est une mixtion de tous les élémens fondus avec tant de précision & de justesse, que l'on ne peut en séparer un seul, sans dénaturer cette admirable liqueur ; mais ce mélange de principes ne peut se faire que par la chaleur qui est la seule cause de l'affinité & de l'union des éléments, comme l'a si éloquemment prouvé un illustre Académicien, dans son sçavant Discours de la formation des Corps.

C'est donc à la chaleur à rassembler dans la pulpe du fruit de la Vigne, tous ces principes divers, l'eau, l'air, la terre, les sels, les huiles, le feu lui-même, qui doivent concourir à la formation du Vin dans le moût.

Mais d'un autre côté, la Vigne n'exige pas non plus une chaleur trop forte, & cette plante ne réussiroit pas mieux dans les déserts brûlants de l'Afrique, que dans les climats glacés du Nord.

Quoique la Vigne soit assez robuste, & puisse venir presque par tout, néanmoins sa fleur, d'où dépend le sort de la vendange, est si délicate, que le trop grand chaud & le trop grand froid lui nuifent également. La Vigne ne peut donc accorder fes bienfaits qu'aux heureux Habitants *d'un climat tempéré*, qui foit à peu près à une égale diftance du pole & de l'équateur. L'on a même circonfcrit cette pofition fur le Globe, & l'on a obfervé que les meilleurs vignobles & les crûs les plus renommés, font compris entre le 40 & le 50e. dégré de latitude.

On a remarqué, dit le célébre Hoffmann, que les Pays qui ont cette élévation du pole, font très propres à produire de bons Vins. Ce beau & heureux climat comprend l'Efpagne, l'Italie, la France, une grande partie de l'Allemagne, *prefque tout le cours du Rhin*, &c. Tous ces Pays qui fe touchent, & font à la fuite les uns des autres, produifent les meilleurs Vins qu'on connoiffe; car c'eft fur cette partie du Globe, que le Soleil agit plus efficacement que fur les autres; la fechereffe n'y eft ni trop grande, ni de trop longue durée; il y tombe, furtout pendant la nuit, beaucoup de rofée qui contribue à nourrir & à attendrir le raifin; & la chaleur du Soleil y eft affez grande pour cuire le fuc de cette plante, & en faire une liqueur raviffante.

Le Pays Meffin a le bonheur d'être renfermé

renfermé entre ces deux paralleles où se trouvent les meilleurs crûs. C'est déjà un grand préjugé en sa faveur, pour convaincre ses Habitans, qu'avec de l'industrie, du travail & des instructions, ils peuvent donner à leurs Vins plus de réputation qu'ils n'en ont; & que s'ils ne jouissent pas d'un pareil avantage, on peut en imputer la faute en partie à l'ignorance des Vignerons.

Le cours de la Moselle qui partage le Pays Messin, est peu éloigné du Rhin, & à peu près dans la même direction; Châlon sur Marne, Aï, Epernay, Rheims, sont presqu'au même degré de latitude, & plus à l'Occident; les bons vignobles du Pays Laonnois, sont encore plus au Nord.

Le Pays Messin a donc l'avantage de jouir d'une température de climat, très-propre à produire de bons Vins. Il est également fertile en bleds & en fruits; mais arrêtons-nous spécialement sur les vignobles de cette Province, située entre le Duché de Luxembourg, la Lorraine & le Duché de Bar. Elle a pris son nom de Metz sa Capitale, qui est dans le milieu du Pays, au confluent de la Moselle & de la Seille, entre Toul, Verdun & Treves, à 23° 42" 45" de longitude, selon Caſſini, & 49° 7′ 7″ de latitude, ce qui donne encore une bonne température pour la Vigne.

Indépendamment du climat, la bonne expoſition eſt également néceſſaire à la Vigne. On a obſervé que les vignobles où croît le meilleur Vin, ſont ſitués ſur des collines qui ont la vue ſur des plaines arroſées par des rivieres; on prétend que le raiſin y eſt mieux conditionné, à cauſe des roſées fréquentes que reçoivent les collines dans cette aſſiette; car outre l'action du Soleil, les Vins doivent principalement leur bonté à la nourriture fine & délicate que reçoivent les raiſins. Or les montagnes étant expoſées aux roſées de la nuit, qui ſont très-abondantes dans le voiſinage des rivieres, ſont les plus propres à ſervir d'aſſiette aux vignobles. Les roſées formées des vapeurs qui s'élevent continuellement du ſein d'une terre arroſée par des rivieres, contiennent une eau très-ſubtile, & mêlée d'un principe éthérée, qui eſt une nourriture excellente pour les Vignes les plus eſtimées.

Les roſées fréquentes préparent & attendriſſent la peau du raiſin, humectent & rafraîchiſſent la terre pendant la nuit, pour ſe changer en ſeve, attirée par la chaleur du jour, & pénétrer dans les racines des plantes ; mais les rosées abondantes procurent encore un autre bien, parce qu'un air chargé de vapeurs légeres & atténuées, est plus propre à fixer le phlogistique, les huiles, les sels volatiles, & les autres principes éthérées qui flottent dans son sein, & que l'air ainsi chargé de principes, devient par cela même, très-convenable à la Vigne, dont les larges feuilles avides d'imbibition, reçoivent presqu'autant de nourriture des influences de l'air, que les racines en pompent dans la terre pour l'entretien de la plante. Que l'on se rappelle ce que nous avons dit de l'usage des feuilles de la Vigne.

Les anciens eux-mêmes avoient déjà fait cette remarque assez heureuse, que *le voisinage des rivieres contribue à la bonté & à la fertilité des vignobles qui ont l'aspect sur des plaines arrosées.* Nous avons cité Pline, *liv. 17. chap. 4 & 5.* qui nous apprend que le cours de l'Hebre s'étant éloigné d'*Emus*, Ville de Thrace, les Vignes des environs perdirent leur réputation, & furent brûlées, ce qui n'étoit point arrivé auparavant.

On peut confirmer cette heureuse position des vignobles, par une infinité d'exemples. Le cours du Rhin, celui du Danube, sont garnis de vignobles; les Vignes qui produisent l'excellent Vin de Tokay, sont dans le voisinage du Teysse; les Vins célèbres de l'Hermitage, de Côte-Rotie, de Condrieu, &c. sont sur le bord du Rhône. La Dordogne, la Garonne, & toutes les autres Rivieres qui s'y déchargent, contribuent beaucoup à la bonté des Vins de Guyenne. La Loire, la Marne & la Seine ne voyent que des vignobles dans leurs cours. La fameuse Côte qui traverse la Bourgogne du Nord au Midi, est tournée à l'Orient, sur une plaine arrosée par la Sône & les Rivieres qui s'y déchargent; & toutes les Vignes de Bourgogne qui ne sont pas dans cette heureuse position, donnent des Vins connus sous le nom *d'arriere Côte*, qui sont des plus médiocres, en les comparant avec les Vins de la Côte.

Le Pays Messin ne le céde point aux autres pour cet avantage, puisque ses vignobles sont situés le long des Côteaux qui bordent la Seille & la Moselle.

Si le voisinage des Rivieres est avantageux aux vignobles, il ne faut cependant pas que l'air soit trop nébuleux, ni continuellement chargé de vapeurs; ainsi une autre condition que l'on exige pour les bons crûs, c'est que *les Collines*, ainsi situées au-devant d'une Plaine dans laquelle coulent de grosses Rivieres, *soient en même-temps tournées au Levant & au Midi*, afin que l'alternative de la chaleur & de la fraîcheur puissent favoriser l'accroissement de la Vigne qui est amie de la température, & qui fuit tous les extrêmes.

Les rayons du Soleil sont aussi nécessaires à la Vigne pendant le jour, que les rosées & la graisse du Ciel pendant la nuit. Il semble en effet que la lumiere du Soleil doive se convertir dans la substance même du raisin, & l'on se rappelle l'expérience de M. Bonnet, citée dans le second chapitre. Il s'ensuit de-là que l'exposition qui est le plus long-temps favorisée des regards de cet astre bienfaisant, ame de la nature, & le plus bel ouvrage de son Créateur, est la plus propre à donner de bons Vins. Les Côtes qui tournent du Levant au Midi, jouissent le plus long-temps de cet aspect; elles sont à couvert de la fureur des vents orageux de l'Ouest, & garanties du froid glaçant des vents septentrionaux; on y respire un air plus pur; le Soleil qui s'y montre plus long-temps, en dissipe les nuages & les brouillards trop épais, & la chaleur s'y conserve mieux ; l'air pur & fertilisé par les rayons du Soleil, se mêle & s'insinue plus aisément dans le suc nourricier des raisins. Les rayons mêmes s'unissant aux autres principes, rendent la seve plus subtile, plus spiritueuse, & la mettent en état de produire des Vins très salutaires, qui sont plus *généreux*, plus abondants en esprits, qui entrent plus facilement dans les plus petits conduits du corps humain.

Enfin, la qualité du sol & la nature du terrein contribuent encore beaucoup à la bonté des Vins qui ne veulent pas un sol gras & bourbeux, mais un terrein pierreux, sabloneux, composé d'argille légere, mêlé de sablons fins & de pierres friables. Ces terres pierreuses & calcarées, conservent fort long-temps les rayons solaires, qui s'y concentrant & échauffant les racines par leur chaleur douce, mettent la nourriture en état de passer plus aisément par les pores du corps spongieux qui les recouvre. L'humidité & l'eau de pluie s'insinuent plus facilement à travers ces terres légeres, détrempent les huiles, & se convertissent par la chaleur, en vapeurs propres à servir d'aliment aux plantes.

Les Champenois ont voulu accréditer

l'opinion que c'est la *finesse du grain* de terre, qui contribue plus que tout le reste, à la qualité des Vins, parce qu'ils se prétendent absolument les seuls en possession d'une *terre fine*, capable de donner à leurs Vins la qualité qui les fait rechercher ; il faut entendre tout ce que dit M. Bidet sur cette prétention ridicule. Il soutient que le grain de terre de Champagne est très fin, qu'il est estimé pour la Vigne, le meilleur de tous, qu'il a une qualité si parfaite, & en même-temps si particuliere à son Pays, qu'elle ne se trouve point dans aucune autre Province.

Il sembleroit, à entendre ce Naturaliste, qu'il ait fait l'analise chimique des terres de tous les vignobles du Royaume sans exception, qu'il en ait comparé les molécules constituantes & les premiers atomes les uns avec les autres.

Ignore-t-il donc que M. Duhamel, son reviseur & son Maître, pense que la terre n'est qu'une matrice, & qu'elle n'entre pour rien dans la composition des plantes ; que c'est l'eau pure, & l'eau la plus pure qui se convertit en bois, en feuilles, en fleurs & en fruits, puisqu'on a fait venir dans de l'eau distillée, des fruits à noyaux, & que M. Bonnet a élevé dans de la mousse humectée, des ceps de Vignes qui ont donné des raisins, dont le goût & la faveur égaloient ceux plantés en pleine terre ?

Mais sans admettre le système Thalesien de M. Duhamel, on peut toujours en conclure, que la finesse du grain de terre entre pour fort peu de chose dans la qualité des Vins, puisque de l'eau distillée renferme l'aliment propre à la Vigne : l'eau & la chaleur, les vapeurs, les rosées, le Soleil, la bonne exposition y contribuent bien davantage. Un sol léger & facile à pénétrer par les influences de l'air, & le *concours des élémens dans leur juste proportion* (qui est la vraie cause de la fécondité de la terre, comme l'a si bien prouvé l'Auteur du Discours couronné par l'Académie de Metz en 1761,) sont la principale cause de la bonté des Vins, où la terre entre pour la plus petite partie.

Quand même on accorderoit à M. Bidet sa chimérique prétention sur la supériorité du grain de terre de Champagne, ce ne seroit point à cause de sa finesse, que ce grain de terre seroit propre à la Vigne. Aucune terre n'a le grain plus fin que la *glaise pure*, comme le prouve la lubricité de ses parties, & aucune n'est moins propre à la Vigne. On ne peut pas nier que la Marne n'ait le grain extrêmement fin, puisqu'elle est soluble dans l'eau ; & cependant elle ne convient point à la Vigne, du moins lorsqu'elle est pure. Le terreau de jardin, dont les parties sont divisées au plus haut degré d'atténuation, ne lui convient pas ; le sable, quoique composé de parties grossieres, dures, roides & inflexibles, les terres pierreuses & caillouteuses, sont infiniment plus propres à cette plante.

Toutes sortes de terres semblent convenir également à la Vigne, pourvû qu'elles soient en bonne exposition, qu'elles soient légeres & poreuses, qu'elles puissent laisser librement écouler l'eau à travers leurs molécules, qu'elles soient cultivées convenablement, & que le plant de Vigne soit bien choisi. Les Champenois nous ont eux-mêmes appris que la bonne culture & l'art de sçavoir bien faire les Vins, sont plus propres que la finesse du grain de terre à mettre des vignobles en réputation. Avant que l'industrie des Champenois ne se fût tournée de ce côté, on ne parloit pas de leurs Vins. Le Pays Messin qui est limitrophe peut donc espérer les mêmes avantages, si les Habitans s'appliquent autant que les Champenois, à perfectionner leurs methodes de cultiver la Vigne, & surtout de façonner les Vins. Voyons si les vignobles du Pays Messin, ont quelques-unes des qualités requises dans les bons crûs.

Nous avons déjà remarqué que ce Pays étoit à peu près au même degré de température que la Champagne, & qu'il étoit arrosé par la Mozelle & la Seille qui s'y déchargent auprès de Metz.

Quant à l'exposition du Pays Messin, elle n'a rien de fixe, d'universel & d'invariable; cependant en général les vignobles les plus estimés, sont exposés au lever du Soleil & au Midi; ils sont presque tous sur des collines & sur le penchant des montagnes qui regardent la Mozelle & la Seille. Les meilleurs sont situés sur une chaîne de côteaux qui se trouvent à la rive gauche de la Mozelle. Cette partie fait face à l'Orient; sa longueur, à compter depuis le canton de Dâle, près de Metz, en remontant la Mozelle jusqu'à Novian, est d'environ trois lieues. Cette partie comprend les vignobles de Dâle, Ban-Saint-Martin, Plappeville & Tignomont, Longeville, Sy & Chazelle, Lessy, Chaté, Sainte Ruphine, Jussy, Tozerieul, Vaux, Ars, Ancy, Dorneau & Novian.

Vis-à-vis & à la rive droite de la Riviere, à deux lieues environ de Metz, est le vignoble de Jouy-aux-Arches ; le Vin qu'il produit est recherché des Marchands ; il passe pour bon & pour souffrir aisément le transport ; cependant ce vignoble fait face au Couchant & au Sud-Ouest : apparemment qu'il est garanti des vents de l'Ouest, par les Côtes opposées.

Derriere ce vignoble, vers l'Orient, & à peu près à la même distance de Metz, est celui d'Augny ; il est sur un des côteaux de la Côte Saint Blaise ; il est exposé à l'Orient & au Couchant, mais principalement au Nord.

Parmi les lambeaux des Mémoires que M. Bidet a tronqués pour orner son Traité de la Vigne, j'en trouve un qu'il a intitulé *Mémoire de Metz en Lorraine.* (*)

On y observe qu'il y a en général dans le Pays Messin, trois especes de terreins dans un même canton, dans un même Village, dans une même Vigne, terre

___

(*) Je puis me tromper, mais j'ignorois que Metz ait fait dans aucun temps, partie de la Souveraineté ou du Gouvernement de la Lorraine. Je trouve dans le Dictionnaire Géographique, Metz, Capitale du Pays Messin, Province de France, entre le Duché de Luxembourg & la Lorraine, étoit autrefois Ville Impériale; mais elle se mit sous la protection de la France en 1552, & lui fut entiérement soumise sous Louis XIII, ce qui lui fut confirmé par le traité de Westphalie.

forte, terre fabloneufe & terre pierreufe; le Vin de terre forte, paffe ordinairement pour un Vin doux; le Vin de terre fabloneufe, eft plus tendre & délicat, mais il fe conferve moins, il faut le boire dans l'année; le Vin de terre pierreufe, eft plus coloré, plus ferme & fe conferve plus long-temps.

On voit fur cet expofé, que le fol des vignobles du Pays Meffin, eft très varié, & auffi propre que la Champagne, à donner des Vins légers, des Vins corfés, des Vins de primeur, des Vins d'arriere boite, des Vins gris, paillés, œil de perdrix, clairets, rouges foncés, &c. &c.

Confirmons cette poffibilité par le témoignage d'un habile Académicien du Pays, dans fa Note fur la Lettre de M. de Goiffon à M. Parent. " Dans le Pays
" Meffin, dit-il, nous avons, comme
" en Champagne, des côteaux expofés
" à l'Orient & au Midi; leur pofition
" fur une belle Riviere, approche bien
" fort de celle des côteaux qui bordent
" la Marne; notre fol eft varié; fou-
" vent dans le même canton, affez fou-
" vent dans la même Vigne, il fe trouve
" de la groffe terre, de la terre fablo-
" neufe, de la terre légere & pierreufe:
" n'eft-il pas naturel de penfer que dans

ŒNOLOGIE. 125

» ces différentes terres, il s'en trouve
» beaucoup qui approchent de celle de
» Champagne ; d'un autre côté, on sçait
» que notre climat est le même que celui
» de Champagne ; & je ne vois gueres
» entre nos Vignes & celles de nos voi-
» sins, de différence, qu'en ce que sous
» la terre végétable de Champagne, il
» se trouve de la craie, & qu'il ne s'en
» trouve pas chez nous..... Les Cham-
» penois, il est vrai, prétendent être
» absolument les seuls en possession d'une
» terre fine, capable de donner à leurs
» Vins la qualité qui les fait rechercher.
» Je hasarderai d'observer, en passant,
» que peut-être cette derniere différen-
» ce entre leur terre & la nôtre dis-
» paroîtroit en bonne partie, si nous sa-
» vions nous modérer & nous régler
» comme eux, sur la quantité & la qua-
» lité des engrais, si nous les imitions
» dans la taille & la culture des Vignes,
» & surtout dans la façon de faire & de
» gouverner les Vins.

Cette judicieuse observation renferme le germe d'un ouvrage sur cette matiere, & la solution du problême proposé par l'Académie de Metz. Ajoutons seulement, que le lit sur lequel repose la premiere couche de terre végétable, est assez in-

L iij

différent à la qualité des Vins, pourvu toutefois qu'il ne retienne pas l'eau. Les meilleurs vignobles que j'ai vû dans le Lyonnois, en Bourgogne & ailleurs, font en général un mélange d'argille légere, noire, brune ou rouge, de laverons & de pierrailles, *posé sur la roche*; ce sont ceux-là qui donnent le meilleur Vin : si au contraire le lit inférieur est de glaise ou de fausse marne, il entretient dans la couche supérieure, une humidité nuisible à la Vigne, & il donne au Vin un goût de terroir, parce que c'est plutôt aux influences célestes, qu'aux substances terrestres à nourrir la Vigne. En tout cas, les bancs de sel que l'on croit devoir se trouver dans les côteaux qui bordent la Riviere de Seille, n'annoncent-ils pas un lit plus riche que la craie de Champagne ?

La différence des Vins du Pays Messin, fait encore mieux sentir celle de la variété des terres. En général les trois vignobles dont nous avons parlé; sçavoir, celui de Dâle près Metz jusqu'à Novian dans une étendue d'environ trois lieues, celui de Jouy-aux-Arches, & celui d'Augny sur la Côte Saint Blaise à l'Orient, fournissent d'assez bons Vins connus sous le nom de *Vins de Metz*;

ceux qui paſſent pour donner les meilleurs, ſont Dâle, Juſſy, Augny, & Ars pour ſes *Varennes*.

Ce qu'on nomme *Varennes* à Ars, eſt une eſpece de vallon ou baſſin creuſé pour ainſi dire dans le haut de la montagne, enſorte que le plus profond du baſſin, eſt encore élevé au tiers ou à la moitié de la hauteur de la montagne. On conçoit que ces hauteurs ou baſſins ſur leſquels le Soleil darde ſes rayons, lorſqu'il eſt aux environs du Méridien, en conſervent long-temps la chaleur. Le fond de ces Varennes eſt de pierrailles; on y cultive principalement le bon Pineau, ce qui donne un Vin qui a plus de corps, & qui ſe garde plus long-temps que celui de Juſſy, terre légere où l'on cultive de préférence la Tendre Fleur & le Fromenteau de Champagne, ſous le nom *d'Auxerrois*; mais auſſi le Vin de Juſſy a l'avantage de paſſer pour le plus délicat du Pays.

Quant à Dâle & à Augny, groſſe terre où l'on cultive pêle-mêle l'Auxerrois, la Tendre Fleur & le Pineau bonne eſpece, ils fourniſſent le Vin le plus corſé & le plus eſtimé du Pays.

Nous avons déja obſervé qu'on y comparoit au Bourgogne, les Vins de

Dâle & d'Augny; à celui de Champagne, le Vin de Juſſy; & que celui des Varennes d'Ars, tient le milieu entre ceux-ci : le Vin d'Augny l'emporte encore pour la couleur rouge foncée, pour le corps, & pour la durée, ſur celui de Dâle.

Puiſque tous ces vignobles du Pays Meſſin jouiſſent la plupart, des conditions requiſes dans les vignobles de bons crûs, & que le climat en eſt le même que celui de Champagne, il ne s'agit donc que d'en perfectionner les méthodes, d'inſtruire & d'éclairer les Cultivateurs & Vignerons, tant ſur la culture, que ſur le gouvernement des Vins, de tenir la main à l'exécution de l'Arrêt du Parlement de Metz qui défend les mauvais complants, d'étendre la diſpoſition de cet Arrêt, à l'interdiction des Vignes plates dans les terres à grains, mais ſurtout d'empêcher les fripponneries des Marchands de Vin & des *Commiſſionnaires*, qui ne manquent pas de s'emparer du commerce excluſif d'exportation, ſitôt que les Vins ont acquis quelque réputation par l'induſtrie des Habitans, & qui parviennent bientôt à décrier les meilleurs vignobles, par leur art funeſte de frelater les Vins, & de les couper à froid : (quel eſt en effet l'étranger qui peut se flatter d'avoir du vrai Bourgogne, du véritable Champagne?) Avec toutes ces précautions, dis-je, on parviendroit bientôt à faire rechercher les Vins du Pays Messin, autant que ceux de Champagne. On y sçait déjà faire avec le raisin Fromenteau, un *Vin gris* qui met en défaut les Gourmets, &c.

Quoique le climat du Pays Messin, soit tempéré, il participe cependant plus aux qualités des Pays froids que des Pays chauds : c'est donc d'après cette régle essentielle, qu'il faut se conduire dans l'assiette des vignobles, & dans la culture de la Vigne; il faut choisir les especes hâtives; il faut faire ensorte, autant que faire se peut, que l'exposition soit méridionale, comme étant la plus chaude, qu'elle soit à mi-côté, pour être abritée; (car j'ai toujours remarqué que les meilleurs crûs étoient à mi-côté, l'humidité séjourne dans le bas, & rend les Vignes sujette à la gelée; le haut est battu des vents;) mais surtout que l'on abandonne aux grains, les terres grasses & humides, où la Vigne ne pourroit pas mûrir; celle-ci ne demande que des côteaux secs, arides, & inutiles à toute autre culture à cause de l'escarpement du terrein qui ne peut se façonner qu'à la main.

Hic veniunt segetes illic felicius uvæ.

Mais l'homme est rarement assez éclairé pour suivre les indications de la nature ; souvent encore c'est moins l'ignorance que la cupidité, qui lui fait contrarier les vues de cette bonne mere. Le produit considérable des terres fortes & des sols à grains, malgré la verdeur & la mauvaise qualité des Vins qu'ils produisent, engage les Vignerons à préférer leur culture, à celle des côteaux escarpés très propres à la vérité à produire d'excellents Vins, mais en moindre quantité, & dont la culture est bien plus difficile & plus coûteuse, à cause du transport des terres qu'il y faut faire pour les améliorer, & des murs qu'il y faudroit construire pour retenir les terres ; car les bons crus dépérissent d'eux-mêmes, & par la nature de leur position en pente.

C'est surtout dans le Pays Messin où le Vigneron a intérêt de préférer la plantation des Vignes dans les terres à grains plutôt que sur les côteaux, parce qu'il a pour son salaire, le prix des deux tiers de la récolte, & qu'il se soucie fort peu de la qualité, en ce qu'il trouve bien plus à bénéficier sur la quantité, en faveur de laquelle il sacrifie tout. Mais ce bénéfice pour le Vigneron & le petit Propriétaire mal aifé qui penfe comme lui, fait une perte confidérable pour la Province, dont les vignobles ne pourront jamais acquérir le moindre crédit, tant que durera cet abus.

En effet, les Vins des terres à grains font toujours verds, parce que les raifins dans un climat plus froid que chaud, ne peuvènt mûrir qu'en bonne expofition & dans un fol léger, pierreux & aride. Ces Vins de Vignes plates, font fans liqueur, fans corps, de mauvais goût, & incapables d'être confervés plus d'une année, fans le fecours d'une quantité de foufre ou autre dangéreufe reffource: on ne peut s'en défaire qu'à la faveur du bon marché, & qu'après les avoir frelatés avec du Vin muet, du fucre de Saturne, ou autres drogues funeftes, qui ne font que leur ôter leur goût verd & acerbe pour les changer en véritables poifons.

Il eft plufieurs autres inconvénients qu'entraîne la plantation dans les terres à grains, dont le premier eft le découragement & même l'abandon des Vignes fur côteaux, qui feules peuvent donner un Vin capable d'attirer l'Etranger, & de faire une branche de commerce au Pays.

Le deuxiéme, eft d'augmenter la difette

des bleds, par l'emploi des terres à grains, en Vignes.

Le troisiéme, d'employer aux Vignes surabondantes, un nombre considérable de bras, qui seroient mieux appliqués aux défrichements & à la culture des terres; car un arpent de Vigne, occupe un homme entier, tandis que deux hommes peuvent cultiver quatre-vingt-dix arpents de terres labourables.

Le quatriéme, est qu'on enleve le fumier au labourage, pour le donner à ces mauvaises Vignes, dont toute la ressource est dans la quantité.

Le cinquiéme inconvénient, est que la surabondance de ces petits Vins, dont le prix est à la portée du bas peuple, fomente le libertinage, la crapule, le crime, & détourne le citoyen du travail, joint à ce que la mauvaise qualité de ces Vins, altére considérablement la santé, &c.

Ce seroit donc au Parlement à arrêter le mal dans sa source, en défendant les plantations dans les terres à grains, en ordonnant l'éradication des Vignes qui se trouvent au milieu des terres labourables, &c. &c.

ARTICLE SECOND.

Des plants enracinés & des boutures : de la préférence qu'on doit donner aux chapons & boutures sur les plants enracinés.

Après avoir parlé de la température, du climat, de l'expofition des vignobles, & du choix du terrein, venons à la plantation.

Il n'arrive prefque jamais qu'on feme la Vigne, parce qu'elle eft plus longue à venir; & que dans ce cas, fon fruit venant rarement à maturité, il faudroit s'affujettir à la greffer. Il eft donc plus commode de la planter de bouture ou de plans enracinés : (c'eft ce qu'on nomme *plançons* en Bourgogne, & ailleurs *complants*.) Il ne dépend pas de l'homme, de changer le climat, l'expofition, ni la nature de fon terrein; mais il dépend de lui, de bien choifir le complant : il ne doit donc s'en prendre qu'à fon ignorance, s'il fournit fon vignoble de plants infertiles ou de peu de valeur.

Les plants qu'on deftine à former une jeune Vigne, font de deux fortes ; ou ce font des *plants enracinés*, qu'on nomme *chevelées* en Bourgogne, & dans le Pays Meſſin, *barbeaux ou plants à barbes;* les anciens les appelloient *vivi radices*: (*) ou ce ſont des *boutures* de ſarments de l'année, qu'on leve pour ſervir de plants, auxquelles reſte attaché du bois de la taille précédente, ſoit en forme de *maillots*, de *croſſettes* ou de *cul de chapon*, dont elles portent le nom. Dans le Pays Meſſin, on les appelle *courbes*. Lorſqu'il ne reſte point de vieux bois après les boutures ou ſarments, on les nomme *poules* ou *poulettes*.

Il eſt donc deux manieres de faire une jeune plante; l'une, de n'y employer que des plants enracinés; l'autre, de ne ſe ſervir que de boutures. Une troiſiéme méthode, ſeroit de ſe ſervir des uns & des autres. Voyons celle des trois qu'on doit préférer.

Columelle après avoir démontré l'utilité des Vignes, & la préférence qu'un

---

(*) Mr. Bidet ſe trompe, tome 1. page 22. quand il dit que les Marcottes s'appelloient *vivi radices*; je me ſuis moi-même trompé, quand je l'ai dit plus haut, page 40. Ce dernier mot ne doit s'entendre que des plants qui ont pris racine dans la pépiniere; on appelloit les Marcottes qui ſe font en couchant les branches qui tiennent toujours à la mere Vigne, *Mergi*: *Mergus quod Mergatur interram*: c'eſt même de-là que vient notre mot *Margotte*, & par corruption, *Marquotte*, *Mergus*, *Mergotus*, *Mergota*, *Margotte*, dit *Ménage*.

bon pere de famille doit donner à cette nature de bien, (car, dit-il à ce sujet, si cette espece d'héritage est tombée en discrédit, c'est la faute du cultivateur, & non du fond; on ne choisit ni le plan ni le sol propre à le faire produire; on en néglige la culture les premieres années, parce que cette nouvelle Vigne ne rapporte pas tout de suite, & que les frais de plantation & de la culture d'une jeune plante, paroissent en pure perte à l'économe mal entendu; c'est cependant précisément le temps où les Vignes ont le plus besoin d'être soignées & travaillées : d'un autre côté, lorsque la Vigne est en plein rapport, on la charge extraordinairement de bois & de fruits, & on la fait dépérir par l'épuisement, parce que la cupidité ne songe qu'au présent, sans s'embarrasser de l'avenir, & elle agit toujours contre son propre intérêt.) Columelle, dis-je, emploie tout son troisiéme Livre, à traiter de la plantation des Vignes : & le quatriéme, à leur culture.

Il conseille, chap. 3. & 4. du troisiéme Livre, d'avoir chez soi une pépiniere, (*vitiarium*,) pour y élever des chevelus ou barbeaux, (*vivi radices*.) Il préfére cette sorte de plants, aux Maillots ou Crocettes, parce que des plants ne racinés, résistent mieux aux intempéries des saisons, & reprennent plutôt. Il dit que c'étoit la coutume universelle de l'Italie, que ce n'étoit que dans les Provinces que l'on avoit la mauvaise habitude de planter les boutures à demeure, dans le terrein même destiné à être en Vigne. *Sationis duo genera malleoli vel vivi radicis... sationem malleoli cultores Italiæ jure improbaverunt cum pluribus dotibus præstet viv. radix ; nam minùs interit cum & calorem & frigus & cæteras tempestates propter firmitatem faciliùs sustineat, deindè adolescit maturius*, &c.

Mr. Bidet qui est rarement d'accord avec les anciens, pense néanmoins ici de même que Columelle ; il préfére le plant enraciné à celui de bouture, en ce qu'au bout de trois ou quatre ans il commence à donner du fruit ; mais le plant de bouture commence également à en donner à la quatriéme feuille, lorsque le sol a été bien préparé, & que la jeune plante est bien soignée & cultivée ; & malgré l'autorité des anciens, & celle de Mr. Bidet, je penserois qu'on auroit peut-être raison de préférer pour les grandes plantations, les plants de bouture aux plants enracinés, parce qu'ils sont moins chers, & qu'il est plus aisé de s'en s'en procurer en aſſez grande quantité. Les plants enracinés, ont d'ailleurs d'autres inconvénients.

Mr. Navarre obſerve que le barbeau perd néceſſairement beaucoup à être tranſplanté; le temps qu'il a été hors de terre, lui a nui; il a pris l'air, & ſa nourriture lui a manqué. Les barbeaux qu'on replante, ont les racines déplacées dans les lieux nouveaux où on les met; la main de l'homme y introduit ſouvent bien du dérangement; les bouches des racines ne ſe trouvent plus aboutiſſantes aux ſuçoirs; le ſuc nourricier avoit pris la pente vers le lieu où il étoit attiré : dans le lieu nouveau, il faut une force plus grande & plus continue pour faire venir le ſuc où il n'étoit pas attiré & pompé, &c.

On peut ajouter à ces excellentes raiſons, qu'on ne peut pas s'aſſurer par ſoi-même, ſi les boutures, dont on a fait ces plants à barbe, ont été priſes ſur de bons ceps; ſi celui qui les a cultivées, ne les a pas priſes de tout grain & ſans choix des bons ſarments propres à porter fruit, comme nous l'obſerverons dans la ſuite.

Si ces boutures avoient été enterrées dans une pépiniere de bon terrein, où on les ait fumées & arrosées, alors se trouvant faites à une nourriture trop substantieuse, elles ne manqueroient pas de périr la plupart, lorsqu'on les mettroit en place dans une terre maigre, seche & légere, telle que le sont toutes les terres propres à la Vigne, & où l'on ne peut plus leur donner d'arrosement; le chevelu des racines se dessechant, soit dans le transport, soit faute d'arrosement, ce plant enraciné, n'a plus assez de seve pour repousser de nouvelles racines; ou s'il y résiste, il maigrit & ne se rétablit que très-difficilement; ensorte que le plant de bouture le regagne de vitesse & le surpasse presque toujours au bout de cinq ou six ans, surtout quand il a été bien choisi & planté avec soin. Les racines que la bouture à demeure pousse dans le terrein où elle a repris, conservent toujours les suçoirs du même côté; & l'aspect du Soleil où la seve s'est toujours portée avec plus d'abondance, n'est point dérangé par une transplantation nuisible. Aussi quand on plante de plants enracinés, il y faut apporter une infinité de précautions dont les Vignerons ne sont pas ordinairement capables.

1°. Il faut tirer ce plant d'une pépiniere dont le terrein soit de médiocre qualité,

& non pas absolument *maigre*, comme le dit Mr. Bidet. Columelle plus habile Physicien observe avec raison, que si le terrein de la pépiniere étoit maigre & aride, non-seulement la plus grande partie des boutures qu'on y auroit déposées n'y réussiroit pas, mais que le reste seroit peu propre à être transplanté. Si au contraire le sol de la pépiniere est trop fertile, les plants transplantés dans un sol maigre, ne manqueroient pas de dépérir, comme nous l'avons observé, *propter quod mediocritas in electione loci maxime probatur, quoniam in confiniis boni malique posita est.*

2°. Il faudroit avoir l'attention gênante & minutieuse, de marquer l'écorce dans la partie qui regardoit le Midi, pour planter à la même exposition que le barbeau avoit dans la pépiniere, afin de ne pas exposer au vent du Nord, le côté du bois que la chaleur du Midi avoit rendu plus tendre, plus poreux, mieux nourri, & par conséquent plus sensible au froid.

3°. Mais c'est bien pis, si l'on veut suivre l'avis de Mr. Bidet, qui conseille de n'employer que des Marcottes à panier ou à gazon ; ce qui jette dans une infinité de soins & de petits détails impossibles à suivre dans les plantations en grand.

Toutes ces raisons nous feroient préférer le plant de bouture, pour lequel on n'obferve pas ces précautions, & qui d'ailleurs, eft plus commun.

Mr. Bidet qui veut faire prévaloir fon opinion, nous trompe, page 68. en nous affurant d'après *Didime*, que le Vin provenant d'un *plant enraciné*, eft meilleur que celui de *Crocette* ou de *Marcotte*.

On n'en voit aucune raifon, puifque ce plant enraciné, eft également venu de boutures plantées en pépiniere, & que la Marcotte eft véritablement un plant enraciné. Mr. Bidet tombe à cette occafion, comme tous les Compilateurs, dans une contradiction palpable, puifqu'il nous affure, quelques pages après, que la *Marcotte eft un plant de beaucoup préférable à tous les autres*. Si le plant enraciné produit un meilleur Vin que la Marcotte, comme le dit Mr. Bidet page 68. fur l'autorité d'un nommé Didime, pourquoi lui préférer la Marcotte, page 71 ?

L'expérience paroît confirmer notre fentiment qui donneroit la préférence à ce plant de bouture; car Mr. Navarre affure que dans la Guienne, tous les Vignerons prétendent que c'eft la meilleure façon. L'Auteur de la Maifon Ruftique, foutient d'après tous les Vignerons de l'Orléanois, que *l'entreplant* qui doit toujours être sur *playe* (c'est-à-dire, sur la coupe du vieux bois) vaut mieux que le *chevoli* dans presque toutes les terres, en ce que pour peu qu'il prenne racine à la premiere année, on peut s'assurer qu'il ne manquera pas dans la suite ; aulieu que si le chevoli ne prend pas bien racine dès la premiere année, il ne fait que *papilloter*, (*) & meurt ensuite.

ARTICLE TROIS.

Choix des crossettes ou chapons.

Soit qu'on veuille planter les *boutures* dans une pépiniere, pour s'en servir lorsqu'elles auront pris racine, soit qu'on veuille les mettre à demeure dans le lieu destiné à la plantation de la Vigne, tout le succès de la jeune plante dépend du *choix de la bouture*.

Les crossettes, courbes ou chapons, (tout comme on voudra les appeller,) se prennent sur le cep de la Vigne qui a jetté plusieurs brins ou fleches. On ne choisit que les plus beaux brins, les mieux

---

(*) On appelle *papilloter* dans l'Orléanois, lorsque le bourgeon, en s'épanouissant, ne montre que deux feuilles disposées en maniere d'aîles de papillon ; ce qui est d'un mauvais signe, d'autant que le bourgeon a souffert.

nourris, ceux qui ont l'écorce unie & luisante, dont le bois est ferme, bien mûr, & paroît d'un verd clair, quand on y fait une entaille avec la serpette : l'extrêmité d'en bas, doit être d'un bois pareil à celui du reste du chapon, dit M. Bidet (*).

Il ajoute, page 75. qu'il faut que les yeux soient forts & vigoureux, *éloignés les uns des autres, &c.* Cependant de Serres, dont l'autorité est d'un si grand poids, soutient au contraire qu'il faut choisir les crossettes dont les yeux *sont près à près* l'un de l'autre, étant toujours peu fructifiantes les Vignes dont les sarments sont *noués au large. Quæ raros habent nodos, infæcundæ judicantur & densitas gemmarum fertilitatis indicium est,* dit Pline, *liv. 17. chap. 21.* Columelle exige pareillement que les yeux soient serrés, rapprochés ; il veut que la bonté du cep, après lequel on choisit les crossettes, ait été éprouvée pendant trois ou quatre ans, afin qu'on ait le temps d'examiner s'il passe bien la fleur, si son fruit est bon, précoce ou tardif &c. car les plantes, comme les animaux, tiennent toujours

---

(*) Il seroit fort extraordinaire que l'extrêmité inférieure, fût d'un autre bois que la supérieure.

de la bonté ou de la foibleſſe de leur race.

Sic canibus catulos ſimiles, ſic ma-
tribus hædos
Noram.

Toute cette partie eſt comme le fondement & la baſe des vignobles; & c'eſt néanmoins la partie la plus négligée des modernes, qui croyent ſe dédommager du peu de produit d'un cep de Vigne, en multipliant le nombre des plants, & en plantant des croſſettes venues de tous ceps, & de la bonté deſquelles on n'a nulle aſſurance; le grand nombre de ces plants mal choiſis, étant de ſi mince produit, épuiſe bientôt l'héritage, & le fait dépérir dans peu, au point que le Propriétaire eſt forcé de l'abandonner, & la Vigne eſt décriée comme un mauvais fond, ou le Pays regardé comme peu propre à cette culture; ce préjugé funeſte, le prive d'une de ſes principales richeſſes. C'eſt ce qui m'a engagé à m'étendre plus dans ce chapitre, que dans tous les autres, car toute l'entrepriſe dépend du *choix du plant*: une mauvaiſe plantation coûte autant à faire & à entretenir qu'une bonne, & l'on ne peut plus rectifier le défaut d'un mauvais choix. Il eſt donc bien intéreſſant de ne pas prendre indifféremment & de toutes sortes de mains, ces sortes de plants de bouture. Il n'est cependant presqu'aucun Propriétaire qui veuille prendre la peine de les choisir lui-même, ou qui le sache faire.

L'attention principale, est de ne choisir que des chapons sur lesquels il paroît qu'il y a eu du raisin, ce qui se reconnoît par la coupe du pédicule de la grappe, qui reste après vendanges de la longueur de quatre à cinq lignes. C'est une observation dont nos Auteurs modernes, ne parlent pas, & qui est cependant très essentielle. *Tales eligantur malleoli ut non solùm ex fæcunda vite, sed etiam è vitis parte feracissimâ eligantur.* Si le sarment qu'on destine à faire une bouture, n'a pas porté, quoiqu'il soit naturellement situé sur le bois de l'année précédente, il faut bien se garder de le choisir. Ce sont ces sortes de sarments stériles, que les Latins, par une métaphore élégante, appelloient *Spadones*; ils ne pouvoient devenir des tiges à fruit, puisqu'ils étoient inféconds sur la mere. *Nisi tamen, quod est absurdum, crediderunt id translatum & abscissum à stirpe destitutumque materno alimento frugiferum quod in ipsa matre nequàm fuisset.*

Il ne faut donc choisir pour *bouture*, que le brin qui a porté le plus de raisin ; il semble

semble même que ce brin qui a porté fruit, soit destiné par la nature, à servir de plant; car si on le laisse sur pied, il meurt l'année suivante, ou du moins il ne porte plus qu'un bois très foible, & jamais de fruit, parce que ce brin n'ayant pas assez de seve pour résister aux injures de l'air, il séche & périt.

Il est à remarquer qu'il y a des ceps qui donnent peu ou point de raisins; le bois de ces ceps est ordinairement le plus beau, parce qu'il n'est pas épuisé par la nourriture du fruit, alors il faut bien se donner garde de les chaponner, & de s'en servir pour la plantation d'une nouvelle Vigne; *car ces ceps montrent seulement l'image de la fertilité, sans nul effet, & ce seroit plutôt cultiver la Vigne pour couverture & ombrage, que pour la vendange,* dit l'Auteur du Théatre d'Agriculture, qui ajoute, *qu'il faut bien se garder de cueillir les crossettes sur une Vigne qui a été grêlée ou tempestée l'année précédente, parce que ce bois empesté n'ayant pas acquis sa maturité, devient inhabile par trop de jeunesse à être converti en Vigne nouvelle.*

Il faut par la même raison que le plant de Vigne soit bien *aoûté* ou *coudré*, (comme on dit en Bourgogne.) Cette maturité du bois qu'il acquiert pendant le mois d'Août, est ce qui contribue le plus à la végétation des boutures. On doit prendre garde en même-temps que la gelée n'ait point endommagé le bois, ce qu'on connoît en le taillant avec la serpette.

Une autre observation essentielle, (car je le répéte, tout ceci est de la plus grande importance pour former de bons vignobles,) est que les anciens se gardoient bien d'employer pour bouture, *la fleche* ou la partie supérieure du sarment, parce que c'est toujours sa partie inférieure qui donne le fruit ; & que la fleche trop grêle & mal nourrie, n'en porte jamais, de maniere qu'elle ne peut devenir une tige fertile.

On doit prendre garde sur-tout que les crossettes qu'on choisit, n'ayent servi à faire, ce qu'on appelle, *l'arceau* ou *l'archet* pour porter fruit : cet usage pernicieux de plier en cercle le brin à fruit, est malheureusement admis dans les meilleurs vignobles de Bourgogne ; cette forme demi circulaire, n'est propre qu'à déchirer les fibres verticales du brin à fruit ; elle empêche le développement & l'accroissement des nouveaux jets ; elle occasionne des ulceres & des nodus ; enfin, elle fait le plus grand tort aux Vignes, sans y opérer le moindre bien.

„ Il faut aussi observer, (dit Mr. Bi-
„ det,) de ne jamais prendre de cros-
„ settes ou de marcottes sur la souche
„ de la Vigne, parce que la seve passant
„ plus difficilement dans ce tronc, le
„ brin qui en est tiré, est moins propre
„ à fructifier, que si on le prenoit sur du
„ bois de deux ans. „ C'est assurément là
une mauvaise raison, puisqu'il faut dans
tous les cas que la seve passe à travers le
tronc. La vraie raison est, que lorsque
le jet de l'année sort du vieux bois de la
souche, la communication des fibres ligneuses trop dures, avec les fibres tendres & herbacées des jets de l'année, ne
se fait jamais bien, la liaison est toujours
foible & imparfaite, & il casse ordinairement au nœud près la réunion : s'il résiste, le jet ne mûrit pas aussi bien que
s'il étoit implanté sur le bois de l'année
précédente. Columelle nous avoit déjà
fait cette observation ; & Pline remarque
avec raison, que ces brins qu'il appelle
pampinaria, sont ordinairement stériles,
& qu'ainsi ils ne peuvent devenir de bonnes tiges.

Les vieux ceps, quoique de bon grain,
ne sont pas les meilleurs pour y choisir
des chapons ; le bois en est plus dur, plus
sec, moins poreux, & par conséquent

moins facile à reprendre ; le bois d'une Vigne de douze à treize ans, paroît le plus convenable pour le choix des plants ; car si on les leve sur une jeune Vigne, ils ne pousseront que des jets foibles & languissants qui périront en peu d'années.

Toutes ces observations qui sont indispensables, prouvent qu'il faut une grande expérience & bien de la sagacité pour choisir les chapons. Cela se devroit faire sous les yeux des propriétaires de la Vigne où l'on coupe les chapons ; car le Vigneron avide & ignorant massacre les Vignes de ses Maîtres, pour en tirer des plants dont il fait son profit ; & il seroit essentiel de ne jamais permettre aux Vignerons qui travaillent les Vignes d'autrui, de vendre du plant. Les acheteurs, en les payant grassement, obtiennent d'eux les meilleurs brins, & ceux qui auroient produit le plus de Vin ; tandis qu'au contraire on ne devroit choisir pour faire des plants, que le bois qui est inutile au cep, c'est-à-dire, celui qui a porté fruit, & que l'on doit retrancher dans la taille. L'autre brin qui n'a pas porté, quelque beau & bien formé qu'il soit, ne doit pas être chaponné, comme nous l'avons observé plus haut ; & comme les Vignerons trouvent du débit de ces sortes de plants qui ont plus belle apparence, ils dépouillent entiérement les Vignes des propriétaires, des brins les plus forts & les plus voisins du collet qui faisoient l'espérance des récoltes prochaines ; les Vignes ainsi mutilées, produisent moitié moins, ne peuvent plus se relever de ces pertes, & dépérissent insensiblement.

Il arrive aussi que les propriétaires qui veulent faire de nouvelles plantations, rachetent de leurs propres Vignerons, des plants cueillis indiscrettement & sans choix dans leurs vieilles Vignes, lesquels plants devroient leur appartenir en toute justice, puisqu'ils viennent de leurs propres héritages ; il ne devroit donc pas être permis aux Vignerons de vendre à personne, encore moins à leurs Maîtres, les plants des Vignes qu'ils cultivent pour autrui. Comme ils prétendent que tout le bois de la taille leur appartient, quoiqu'ils soient payés pour la façon, il vaudroit mieux leur donner quelque chose de plus, à condition que tout le bois de la taille seroit brûlé sur place, & les cendres répandues sur le sol.

Souvent même les Vignerons ne se contentent pas de vendre des chapons à leur profit ; il y en a d'assez fripons pour tirer des Vignes qu'on leur a confiées, une partie des plantes & même des meilleures, lorsqu'elles ont été *chevaulies* ou *enracinées*, pour les mettre dans leurs propres Vignes, ou les vendre à leur profit.

Il est donc essentiel à un propriétaire de se mettre bien au fait de cette partie, & de ne laisser enlever du plant de ses Vignes que sous ses yeux. Une autre raison qui doit l'y engager, est qu'il faut avoir soin de ne laisser prendre la crossette ou poulette qu'au dessus de la partie du cep qui doit porter fruit ; car si on la leve au-dessous du bon bois qui doit porter fruit, & si la gelée survient avant que la plaie ne soit fermée, elle fait fendre le bois, & le bon brin qui est au-dessus périt.

Mr. Bidet & tous les modernes recommandent de ne choisir que des chapons qui ayent du bois de deux ans, & même de trois. *Cela lui fera produire plutôt du fruit*, (dit Mr. Bidet.) *Il est vrai*, continue-t-il, *que la crossette seroit plus longue & plus embarrassante, mais pour lors on la coucheroit davantage en terre.*

Columelle, ce Législateur en Agriculture, & tous les anciens pensoient bien différemment ; car ils recommandent de ne pas planter la bouture qu'on en ait coupé le vieux bois qui est au pied ;

parce que, dit Columelle, ce vieux bois ne pousse point de racines, se pourrit & endommage le plant.

C'est à l'expérience seule à décider laquelle de ces deux méthodes est préférable. Ce qu'il y a de certain, c'est que souvent on plante des boutures qui n'ont pas la crossette ou le cul de chapon ; alors on les appelle des poulettes, & elles réussissent fort bien. A Bordeaux on ne plante que les *astes* ou sarments, sans y laisser le vieux bois, & cela n'empêche pas leurs plantes de produire aussi-tôt que les autres.

Je tiens d'un habile Vigneron, qu'il s'est convaincu par expérience que le vieux bois nuit beaucoup à la crossette, parce que ce vieux bois, vieille écorce, est sans amour, & ne perce plus de racines, (ce sont ses termes :) les racines poussent toutes dans l'encolure ; le vieux bois pourrit, & il reste au pied du cep un ulcére incurable.

Ce sentiment est encore appuyé de l'autorité respectable de de Serres, qui observe qu'on laisse le vieux bois sur les crossettes, *non que cela de soi serve à la fertilité, mais afin que par-là on fût bridé de ne planter que des œils les plus profitables*

& *les plus fructueux*, *lesquels sont toujours les plus prochains du tronc*. Sans ce vieux bois d'une longue crossette, on en pourroit faire deux ou trois par tromperie, parce que la sommité ou fleche ne rapporte jamais. Aussi défend-t-il de ne pas trop coucher les crossettes, afin de ne pas enlever les bons yeux d'où doivent sortir les bons fruits ; ce qui est bien contraire aux préceptes de Mr. Bidet.

Columelle qui est mon oracle, dit la même chose ; ,, il faut, dit-il, couper
,, le dessus de la crossette qu'on appelle
,, *fleche*, parce que cette partie est ordi-
,, nairement stérile, & donne rarement
,, du fruit ; & il ne faut pas planter les
,, crossettes trop à fond, crainte d'en-
,, terrer les yeux ou bourgeons à fruit ;
,, car les gens experts ont remarqué
,, qu'un sarment n'est plus fécond au-
,, dessus du cinquiéme ou sixiéme œil ;
,, ensorte que si on ne laisse sortir de
,, terre que les yeux de la fleche ou som-
,, mité de la bouture, elle communi-
,, quera sa stérilité au cep qui en doit
,, provenir : elle sera par conséquent
,, plus ou moins longue, selon qu'elle a
,, les yeux plus ou moins serrés ; ce qui
,, prouve encore le danger & l'inconvé-
,, nient de planter indistinctement & dans

„ le même terrein, des plants d'especes
„ différentes dont les yeux font inégale-
„ ment espacés, &c. &c.

On remarque qu'en combattant par les anciens le sentiment de Mr. Bidet, c'est attaquer celui du Gentilhomme Cultivateur, qui le transcrit servilement dans son quatorziéme volume. Ces Auteurs estimables d'ailleurs, & dont on doit louer le zele patriotique, me pardonneront sans doute la critique de leurs ouvrages. Plus ces ouvrages ont eu de réputation, & plus il est intéressant d'empêcher que leur théorie ne passe dans la pratique, avant d'être épurée des erreurs qui pourroient s'y rencontrer. Ceux qui cherchent la vérité de bonne foi, excusent volontiers les critiques dictées par le même esprit.

ARTICLE QUATRE.

Du temps & de la maniere de planter.

La saison la plus convenable selon moi, pour couper les crossettes, seroit le temps de la taille au mois de Mars, ou sur la fin de Février ; car il est certain en premier lieu, que les fortes gelées des mois d'hyver, endommageroient les ceps sur lesquels on auroit coupé des chapons près du collet, parce qu'alors les plaies n'auroient pas eu le temps de se durcir, pour être impénétrables au froid.

En second lieu, on n'est pas obligé *d'étouffer* les chapons, c'est-à-dire, de les enterrer de maniere qu'ils ne puissent prendre l'air jusqu'au temps où on veut les planter, ce qui en fait périr beaucoup; aulieu qu'en ne les coupant que sur la fin de Février, on les planteroit tout de suite, & l'on n'emploieroit que ceux qui auroient résisté aux gelées.

Mr. Bidet & Mr. Dupuis d'Emporte, observent qu'il conviendroit mieux séparer les plants, du cep à la fin de l'Automne, & de les planter aussi-tôt. ,, On ,, doit en user, disent-ils, à l'égard de ,, de la Vigne, comme à l'égard des ar-,, bres; & l'expérience apprend, qu'en ,, plantant un arbre à la fin de l'Automne, on lui donne un temps suffisant ,, pour prendre terre avant que la seve ,, se renouvelle; aulieu qu'en plantant ,, au Printemps, la seve monte avant que ,, ses racines ayent pris la nourriture que ,, la terre lui offre, & cette seve s'évapore par les ouvertures qu'on lui fait ,, en le taillant, au moment qu'on le ,, met en terre.

Cette observation, due à M. Duhamel,

est très judicieuse, lorsqu'il s'agit d'un arbre ou d'un plant enraciné ; les pluies, les neiges & l'humidité font travailler les racines pendant l'Hyver, & le plant se trouve disposé pour la seve du Printemps. Mais lorsqu'il s'agit de boutures qui n'ont aucune racine, elles ne peuvent travailler pendant l'Hyver ; l'humidité fait pourrir la branche en terre, la gelée en brise les fibres & la contexture, de sorte qu'il en réchappe fort peu.

Il en est tout autrement, lorsqu'aux approches du Printemps, la terre commence à prendre de l'amour, & à mettre en action les principes de végétation qu'elle contient. Les boutures se remplissent de ces principes de vie & d'une seve bien conditionnée, les nœuds se gonflent, il s'y forme une espece de *laitance* qui est d'abord fort tendre, mais qui se durcit & se dispose tout de suite à pousser de bonnes racines, lesquelles donnent des jets à proportion dès la premiere année.

C'est sur-tout pour les Pays plus froids que chauds, comme le Pays Messin, que cette observation doit avoir lieu ; car dans les Pays chauds & secs, le plutôt qu'on peut planter c'est le meilleur : voilà pourquoi il faut rarement établir des régles générales en fait d'agriculture, dont les principes varient suivant la différence des climats. C'est cependant la manie de M. Bidet, & de ses Copistes, de faire sur quelques observations locales, des régles générales, qui sont démenties par l'expérience & la pratique, en une infinité d'endroits.

Quand on a une provision de *plançons*, (c'est le nom qu'on donne en Bourgogne, aux boutures,) bien choisis, dont on connoit l'espece, & dont le cep d'où ils ont été levés est éprouvé, il ne s'agit plus que de faire la plantation, dont on a préparé le terrein.

Il vaut mieux choisir, dit Columelle, une terre novale ou en friche, pour y planter de la Vigne, qu'une terre labourable, on en nature de verger; mais il n'y en a point de moins propre à cette plantation, que celle qui étoit déja en Vigne, soit parce que cette terre est appauvrie & épuisée des sels & des sucs propres & convenables à cette plante, soit parce que l'ancienne Vigne a jetté dans le fond du terrein une infinité de petites racines & de filets qui s'étendent de toutes parts dans le sol, le resserrent & l'épuisent, & qui empêcheroient la nouvelle Vigne qu'on voudroit y mettre,

ŒNOLOGIE. 157

de jetter ses racines. C'est ce que les Latins appelloient *restibilis vinea*.

On peut cependant, continue Columelle, faute d'autre terrein, employer celui-ci; il faut pour cet effet, le défoncer profondément, en arracher les vieilles racines, & les brûler sur le terrein, ensuite le fumer avec du fumier bien corrompu, & le laisser reposer après l'avoir labouré, pour lui donner le temps de prendre de nouveaux sels propres à la Vigne, & lui laisser passer au moins un Hiver en cet état, pour faire mourir les turcs & autres insectes que le fumier auroit pu engendrer. On peut au lieu du fumier, couvrir le sol avec de la terre neuve qu'on y fera répandre.

En Bourgogne, l'on seme du sainfoin sur la Vigne arrachée, pour la laisser reposer six à sept ans: ou on l'abandonne à elle même, pour lui laisser par le même intervalle de repos, prendre une consistance *de toppe ou friche*, qualité essentielle au terrein qu'on destine à une nouvelle plantation.

M. Bidet, p. 110. conseille de laisser reposer le terrein, une année seulement, & d'y semer du bled: mais outre que cette plante vorace effrite le terrein, & que l'intervalle est de beaucoup trop court, c'est que M. Bidet suppose que la

Vigne à replanter est en plaine, tandis que sa véritable assiette est sur coteaux rocailleux & en pente, où la charrue est inabordable.

Les anciens avoient trois manieres de préparer le terrein à recevoir les plançons. La premiere, étoit de défoncer & retourner le terrein en entier, avec une espece de houe qu'ils apelloient *pastinum*, d'où vient qu'ils nommoient *pastination* cette façon qu'ils donnoient à la terre destinée à la jeune Vigne. Ils donnoient encore le nom de *pastinum*, à la fourchette avec laquelle ils enfonçoient les crossettes dans la terre.

La deuxiéme maniere, étoit de faire des sillons ou fosses, pour mettre les plançons en les couchant, contre les ados.

Et la troisiéme, étoit de se contenter d'y faire de distance à autre des fosses, comme on fait des *bovettes* en Champagne, pour y planter la crossette ou la marcotte.

Les deux dernieres méthodes, dit Columelle, *sont en usage dans les Provinces, & la premiere, en Italie :* celle-ci étoit de beaucoup préférable, parce qu'une terre relevée en entier, est bien ameublie par tout, conserve mieux l'humidité & les influences de l'air, & se laisse plus aisément pénétrer par les racines des jeunes plans.

On ne fait trop pourquoi la méthode de faire des terreaux pour planter la Vigne, a prévalu en France ; elle a plusieurs inconvénients, dont un des principaux, est que les crossettes traversant toute la largeur des terreaux, & étant appuiées contre un des ados du terreau, sont enterrées trop profondément, parce qu'on leur fait faire un coude ou embiaisement, qui oblige de recouvrir de terre les yeux à fruit : il ne sort du terreau, que la cime ou fleche de la crossette qui ne donne, comme nous l'avons dit, que du bois foible & point de fruit.

2°. Cette position des jeunes plants délicats, au fond d'un terreau abrité par deux ados, & au pied desquels séjourne plus volontiers l'humidité, contribue beaucoup à faire geler le jeune bois lorsque les rayons du soleil le surprennent, même après une simple gelée blanche.

3°. Les jeunes plants adossés contre une planche de terrein crud qui n'a point été défoncée, & large de trois ou quatre pieds, ne peuvent pousser leurs racines de ce côté ; ils jettent tout leur chevelu dans la terre labourée du terreau qui n'a que dix à douze pouces de large ; & ils se nuisent d'autant plus, qu'ils sont plus pressés les uns des autres, comme c'est l'usage, afin de pouvoir remplacer par le grand nombre, les boutures qui viendront à manquer. Si elles réussissent toutes, il faut en arracher une bonne partie, & comme on dit, *éclaircir la plantation*; le Vigneron arrache les jeunes plants trop pressés, dont il fait son profit; mais il fait encore plus tort par cette manœuvre, en ébranlant les plants qui ont repris, & en soulevant la terre de dessus leurs racines qui se dessèchent.

4°. La culture des Vignes ainsi plantées, devient plus difficile, parce que le terrein des ados n'ayant point été défoncé en premier lieu, il faut le défricher en entier par la suite; & l'on ne peut jamais le faire assez profondément, crainte d'endommager le jeune plant. Le Vigneron, pour épargner l'ouvrage, se contente d'écorcher la superficie des ados dont il rabat la terre sur le jeune plant, ce qui ne peut manquer de l'étouffer & d'enterrer les seuls bourgeons dont on devoit attendre du fruit, &c.

Je préférerois volontiers l'usage de quelques Vignerons de Bourgogne, qui, pour planter une nouvelle Vigne, commencent par défoncer entièrement le terrein; ensuite ils se contentent de faire dans les alignements & distances convenables,

nables, des trous en terre avec un pieux gros comme le bras, dans lequel ils insèrent le chapon, & ferment ensuite ce trou avec une terre meuble qu'ils font entrer avec un peu de force, pour empêcher le vuide & l'action de l'air & du soleil qui dessécheroient la bouture.

Cette méthode plus courte & moins dispendieuse, par laquelle on n'enterre le chapon qu'à une distance & à une profondeur convenable pour laisser sortir de terre le bouton à fruit, est admise en Provence & à Bordeaux. On fait avec un plantoir, des trous de douze à quinze pouces de profondeur, où l'on fiche les astes & poulettes, dont on ne laisse hors de terre qu'un ou deux boutons par où doit sortir la pousse. On a en même-temps la précaution de mettre en pepiniere une grande quantité de ces mêmes sarments, afin de remplacer par des plants de même âge, ceux de la plantation qui seroient morts, & que tout soit de même crû. Par ce moyen, il faut beaucoup moins de plant que dans les méthodes ordinaires, où l'on place dans des tranchées des boutures qui se touchent, & dont on est obligé d'arracher une grande partie, au risque d'ébranler le reste, sans quoi la Vigne seroit trop épaisse.

En Bourgogne, au lieu d'arracher, on coupe entre deux terres les plants surabondants. Il faut remarquer qu'on plante deux rangs de crossettes dans la même tranchée, un de chaque côté, afin qu'étant courbées en sens contraire, on puisse aisément les coucher par la suite, & les provigner sur les ados opposés. Ensorte qu'il faut à peu près vingt-quatre milliers de plançons par journal.

Ce seroit donc une épargne considérable, tant dans la façon que dans les *plançons*, de préférer la méthode dont j'ai parlé, & de se servir du plantoir & des alignements au cordeau pour mettre les plants à distances égales dans un terrein entiérement retourné, & sans coucher les crossettes. Je n'ose cependant insister sur cette façon, parce qu'elle est contredite du blanc au noir par Mr. Bidet; il prétend, page 211. que la façon de planter la Vigne est tout-à-fait différente de celle des arbres, en ce qu'elle veut être plantée en talus pour faciliter le rabaissement en terre, du brin qu'on voudra provigner.

Cette raison n'est certainement pas suffisante pour faire rejetter une méthode plus simple, plus expéditive & moins coûteuse ; outre que, selon d'autres Auteurs, les plants mis avec le plantoir ou la cheville de fer dans une situation droite, sont plus propres à être provignés & courbés dans tous les sens, sans peine & sans risque, que ceux qui sont en terre, & qui sont coudés à contre sens ; cette méthode a encore l'avantage d'avoir été celle de tous les anciens qui se servoient d'une fourchette appellée *pastinum*, pour enfoncer la crossette sans la couder. C'est ce qu'Olivier de Serres, Auteur respectable pour ce qui est de pratique, appelle *planter à la taravelle*.

Cet excellent Agriculteur blâme avec raison ,, les plantements de la Vigne trop
,, à fond, avec dépense autant superflue
,, que nuisible, que le complant à sa
,, perte rencontre d'autant plus grande
,, que plus on le profonde avant. Mais
,, si le terrein étoit caillouteux, (continue de Serres,) ou si les rochers &
,, les pierres ne permettoient pas à la taravelle de jouer, il faudroit alors planter à fossé ouvert, en asseant les crossettes *toutes droites* dans le fossé, *sans*
,, *nullement les recourber, comme font aucuns, qui par telle ignorance, se privent*
,, *du plus fertile de leurs crossettes*, les contraignent par-là à faire leurs jetons

« par les bouts qui sont toujours les
« moins fertiles ou les moins fructifiants
« endroits du sarment.

On peut même se convaincre par les yeux, que la *courbure* que l'on fait faire à la crossette, ne lui est d'aucune utilité pour prendre racine. En découvrant une crossette qui a repris, on verra qu'il n'y a jamais de racine sur le vieux bois, ni sur la partie couchée ; elles se trouvent toutes au collet de *l'embiaisement*, dans le bas de la partie du sarment qui reste droite & élevée. La plantation en talus & le recourbement des crossettes dans les tranchées profondes, pourroient donc fort bien n'être pas la meilleure méthode, si nous en croyons de Serres ; mais certainement la nécessité de planter la crossette avec le vieux bois, si fort recommandée par Mr. Bidet, & tant blâmée par les anciens, est une erreur invétérée.

Dans le Pays Messin, il y a deux manieres de planter, en *ceps* ou en *plantes*; planter en *ceps*, c'est isoler les plants & les mettre à quinze ou dix-huit pouces les uns des autres : cette maniere de planter est la seule en usage dans ce que j'ai nommé le bon vignoble de Metz. *On met une Vigne en plantes*, lorsqu'en la plantant, on met plusieurs plants dans une même fosse, pour ne former qu'un seul cepage. On conserve huit ou neuf des sarments que produit cet amas de plantes, & on les distribue sur la circonférence d'un cercle de deux pieds, ou de deux pieds & demi de diametre. Ces sarments deviennent bien-tôt ceps, & les huit ou neuf qui résultent de cet arrangement, forment ce que dans le Pays, on appelle *une plante*. Cette manière de planter n'est en usage que dans les très grosses terres de quelques Vignes, sur la Seille ou sur la Moselle, au-dessous de Metz; au-dessus on ne la connoît pas.

ARTICLE CINQ.

Maniere de cultiver la jeune plante.

Une nouvelle plantation seroit bien-tôt détruite, si elle n'étoit soignée par une culture assidue; car elle est tendre, infirme, beaucoup plus sensible aux intempéries de la saison, & aux accidents de la secheresse dans un sol aride, qu'une Vigne qui a pris de la force. *Quæ enim juvenile robur accepit, negligentiam sustinet*; mais pour peu qu'on négligeât une jeune Vigne, on perdroit toute la dépense de la plantation, & cette Vigne ne pourroit jamais se rétablir.

Il faut donc souvent labourer & ameublir la terre au tour des jeunes plants, pour la tenir ouverte à l'humidité, aux influences de l'air, & la rendre perméable aux petites racines chevelues des *plançons*; Columelle conseille de les labourer depuis le mois de Mars jusqu'en Octobre, au moins une fois le mois. Il faut arracher avec soin, les mauvaises herbes qui leur ôteroient la nourriture, & sur-tout le gramens & autres plantes traçantes, qui reprennent toujours quoiqu'étant arrachées, à moins qu'on n'ait la précaution de les emporter de dessus le fond.

La premiere façon, ou le premier coup de labour, se donne à la jeune plante, à la fin de Mars ou au commencement d'Avril, pour réveiller la terre & la disposer à recevoir les rosées bienfaisantes de Mai, & pour relever les terres des ados que les pluies d'Hiver ont fait tomber dans les tranchées, où elles étoufferoient le jeune plant si on ne le dégageoit. Les autres labours subséquents ont pour principal but, l'extirpation des mauvaises herbes, qui ne prendroient de l'accroissement qu'au détriment *de la jeunesse*. Le meilleur temps pour ces différens labours, est après les pluies; la terre est plus meuble, le Vigneron fatigue moins la plante, & les mauvaises herbes s'arrachent plus aisément: il est aussi essentiel de ne pas ouvrir le sein de la terre pendant les sécheresses, afin de ne pas donner lieu à l'entrée des chaleurs, qui pourroient desfécher le nouveau plant.

Le principal défaut de la culture des jeunes plantes, c'est que presque par tout on ne leur donne point d'assez fréquents labours ; on veut épargner les frais parce qu'elles ne produisent rien les premieres années; mais en ce cas, il vaudroit mieux ne pas planter, car cette mauvaise économie influe sur toute la durée de la Vigne à venir. Plus on donne de façons à la jeune plante, & plus elle profite ; c'est un enfant au berceau, qui exige des soins & des attentions continuelles, si on veut en faire un homme robuste : l'enfant à la mamelle a besoin de tetter à diverses reprises, le jour & la nuit, tandis que l'homme fait ne prend de nourriture que deux fois par jour. Il faut donc renouveller les labours à la jeune plante, " à mesure que
" les herbes y recroîtront tant soit peu,
" *dit de Serres*, ou que le fond s'affermira
" de soi même ou par fortes pluies ; car
" jamais ne faut souffrir en votre Vigne
" herbes aucunes, ni que la superficie

„ s'endurcisse par trop, pour les grands
„ maux que la jeune Vigne endure en
„ de telles incommodités, la menant jus-
„ qu'à mourir.

Il faut aussi avoir soin de bien interdire l'entrée du bétail, au jeune plant : le pied y seroit encore plus nuisible que la dent ; aussi dit-on que *jamais pied de bœuf n'a fait venir pied de Vigne.* (*)

Malgré toutes ces précautions, il ne faut pas s'attendre que tous les chapons puissent reprendre sans exception ; la Vigne seroit trop épaisse, & conséquemment, il en faudroit arracher : cependant la plus grande partie prend racine dès le mois de Mai, & ils sont plantés si serrés, qu'il suffit qu'il y en ait un de repris, sur trois ou quatre de suite, pour peupler convenablement.

Souvent on croiroit qu'ils ont tous repris dans le mois de Mai ou de Juin, mais ce n'est quelquefois que la seve de la bouture qui donne des feuilles qui se dessechent par la suite ; ce n'est que vers la fin d'Août qu'on en peut juger. Les pluies douces qui tombent dans ce mois, leur donnent

---

(*) Je crois cependant que ce proverbe vient plutôt de ce que la Vigne se plante & se travaille par l'homme, & que toutes les façons s'y donnent à la main & non à la charrue.

donnent une nouvelle feve & de la racine; les temps secs & les grandes chaleurs, leur font très contraires, ce qui oblige quelquefois de les planter de nouveau.

Quant à la taille de cette jeune plante, elle doit se diriger selon la forme qu'on veut donner à la Vigne. Si l'on destine la Vigne à se soutenir d'elle-même, sans échalas, & que ce ne soit point dans des vignobles où l'on est dans l'habitude de la provigner tous les ans, alors on coupe la tige à environ un demi pied de terre, on lui met un tuteur pour l'accoutumer à se soutenir d'elle-même, & l'empêcher de ramper, ou de prendre un mauvais pli; on taille fort court, les quatre premieres années, pour lui faire grossir le pied, selon l'avis de de Serres, *à ce que (dit-il dans son langage naïf,) comme sur un ferme fondement, les têtes se puissent édifier, sans quoi demeureroit le pied du cep, soible & branlant, incapable de pouvoir porter plus d'une ou deux têtes, aulieu de quatre ou cinq qu'il faut qu'ait un cep raisonnable, pour le moins.*

Il faut, selon Columelle, ne laisser à cette tige qu'un ou deux brins, crainte de la maigrir, & ne nettoyer que le bas de toutes les fausses pousses ou *druges*, parce que si on la nettoyoit jusqu'au-dessus, elle repousseroit continuellement d'autres jets, ce qui l'épuiseroit & empêcheroit les bons yeux de se nourrir; & lorsque l'Automne est arrivée, on retranche cette extrêmité avec la serpette.

Le vrai temps du *nettoiement* ou de la rognure du jeune plant, (que les anciens appelloient *pampinatio*,) est, *dit Columelle*, lorsque les jeunes pousses sont assez tendres pour qu'on puisse les enlever avec les doigts ou en les pinçant, parce que si l'on attend que le bois se soit endurci, on court risque de déchirer le jeune sarment, en voulant arracher les pousses & faux bourgeons; ou si l'on veut employer la serpette, la blessure en seroit dangéreuse, parce que le bois n'est pas assez mûr pour supporter la coupe du fer.

A l'égard des jeunes plants de Vignes destinées à être recouchées & provignées tous les ans, & dont on soutient les foibles tiges avec des échalas, on a eu l'attention de tailler les chapons à un ou deux yeux de terre, à mesure qu'ils ont été plantés, ou lors du premier labour. Columelle veut qu'on les nettoie également pendant la premiere année des fausses pousses, & même qu'en les taillant, on en ôte les faux bourgeons, afin de n'en élever que le plus beau brin, &c. On peut lire les préceptes que ce grand homme donne dans *les chap. 6. & 7. du liv. 4.* Tout ce qu'il dit sur la taille & l'ébourgeonnement des marcottes & chapons, est opposé en tout, à ce que recommande Mr. Bidet, *tom. 1. pag. 228.* Ce dernier soutient, contre l'avis des anciens, & contre celui de l'Auteur de l'excellent Mémoire de Bordeaux, que l'ébourgeonnement d'un jeune plant, lui est aussi contraire *que la taille* les deux premieres années.

L'usage, ce Maître des Arts, *dit Columelle, chap. 11.* nous a appris contre le sentiment de plusieurs Auteurs, que la taille de la premiere année n'est point nuisible aux crossettes, dont il faut réprimer la force végétative, en leur retranchant tout le bois superflu, en ne lui laissant qu'un beau brin qui profitera de la nourriture de ceux qu'on aura retranchés. *Nos autem Magister Artium docuit usus, primi anni malleorum formare incrementa, nec pati vitem supervacuis frondibus luxuriantem silvescere.*

Mr. Navarre dit de même, qu'il ne faut au jeune plant qu'une seule fleche, & que les autres lui sont inutiles. C'est aussi la Coutume de Bourgogne : au mois de Février ou Mars qui suit la premiere feuille, on coupe tout le petit bois qu'a jetté le jeune plant, on lui laisse seulement un œil ou une bourre sur la plus belle fleche qui est ordinairement à la tête du chapon ; l'essentiel est de la tenir courte, pour avoir du bois l'année suivante.

La taille & la culture sont les mêmes, les trois ou quatre premieres années ; les extrados sont toujours conservés, & toute la piéce ne doit se trouver de niveau, que quand elle donne du fruit ; alors quand le Vigneron apperçoit dès la quatriéme ou cinquiéme feuille, qu'il y a des chapons en bon grain, qui donnent trois ou quatre fleches bonnes, bien nourries & bien mûres, il commence à les provigner pour remplacer ceux qui sont avortés, & ceux qui ne donnent que du bois, ou qui ne sont pas de bon grain. C'est aussi le temps où l'on commence à lui donner des échalas.

Tout ce que je viens de dire sur la taille du jeune plant dans les premieres années, est manifestement contraire à ce que dit Mr. Bidet. Il soutient, *pag.* 324. qu'un plant bien cultivé, pousse dès la premiere année, plusieurs petits rameaux qu'il faut lui conserver en entier pendant deux ans, sans les tailler ; & il en allègue une assez singuliere raison : *autant*, dit-il, *la jeune plante paroît s'affoiblir à l'extérieur, par le nombre de ses petits rameaux, autant se fortifie-t-elle par ses racines.*

De bons Physiciens soutiendront à Mr. Bidet, que c'est le retranchement seul des branches superflues, qui peut donner plus de force & de vigueur aux racines, parce qu'alors elles dépensent moins en nourriture, & les racines meres, se fortifient, ainsi que la seule fleche qu'on a laissée au jeune plant. Si au contraire on ne la taille que la troisiéme année, comme le veut Mr. Bidet, il faut alors couper tous ces foibles rejets, & tailler le plant presque sur le vieux bois ; & Columelle dit qu'on est alors exposé à un très grand inconvénient, parce que les jets sont obligés de sortir du vieux bois, ce qui les rend moins féconds ; où le cep affecté de cette énorme plaie, ne peut s'en rétablir, & meurt.

D'ailleurs, en taillant chaque année, on donne à la tête du jeune plant, telle forme que l'on veut, & on en avance ou l'on en retarde le progrès, selon le besoin. Qu'on lise dans Columelle, *chap. 11.* des raisons indestructibles contre la mauvaise coutume de ne tailler le jeune plant qu'à la troisiéme année.

Observez encore, que la taille du jeune plant, ne doit jamais être faite en Automne, si on ne veut l'exposer à périr par la rigueur de l'Hyver, &c. En voilà assez sur la culture des jeunes Vignes, je renvoie pour les détails, à un ouvrage plus étendu.

CHAPITRE IV.

Culture des Vignes faites.

MON dessein n'est pas de donner un traité complet de la culture de la Vigne, traité qui nous manque encore, quoique des Auteurs en ayent donné le titre à leurs ouvrages ; je ne veux qu'effleurer quelques articles de la culture, qui pourront avoir rapport à l'amélioration des Vins du Pays Messin.

La culture des Vignes faites, consiste dans la forme qu'on veut leur donner dans la taille, dans la façon de les provigner ou multiplier, dans les coups de l'outil ou les labours, & dans les coups de la main, comme la liure, la rognure, &c. &c.

Je ne parle point des fumiers, parce que l'usage de fumer les Vignes, est incompatible avec l'envie de se procurer de bon Vin, & de mettre des vignobles en réputation. Une Vigne dont le sol est usé, ne peut se rétablir qu'en y rapportant sur la superficie des terres de qualités opposées à celle du sol, c'est-à-dire substantieuses, si le sol est trop sabloneux; & au contraire, légeres, si la terre est forte. Lorsque c'est la Vigne qui est vieille, il n'est d'autre moyen que de la remettre en sainfoin pendant quelques années, pour la replanter en Vigne, ou de lui laisser acquérir par le défaut de culture, cette qualité de friche qu'on nomme *coppes* en Bourgogne.

ARTICLE PREMIER.

Forme des Vignes.

La culture particuliere de la Vigne, dépend de la forme qu'on veut lui donner. Il y a en effet plusieurs manieres de tenir la Vigne. Les anciens les distinguoient en Vignes *hautaines* ou *arbustives*, & en Vignes *basses* : *sublimes* & *humiles*.

La Vigne arbustive s'élevoit sur les arbres : c'étoit la méthode de tous les Milanois & des Pays arrosés par le Pô & les Rivieres qui s'y déchargent ; parce que le terrein étant humide, la Vigne a besoin d'être élevée plus haut. *Vitis non ut in calice quærit aquam, sed solem : ubi enim natura humida ibi altius tollenda ; atque ideò primum è vinea in arbores ascendit vitis.* Pline.

Il y avoit deux sortes de Vignes arbustives ; celle qui se cultivoit sur des arbres fort élevés, comme les ormes & les peupliers qu'on tailloit à différents étages, que les anciens appelloient *Tabulata*, au milieu desquels ils disposoient les fleches d'un pied de Vigne planté à quelque distance de l'arbre.

L'autre espece de Vigne arbustive, s'appelloit *Rumpotina*, & s'élevoit sur des arbres d'un feuillage clair, & de quinze ou vingt pieds de hauteur au plus, plantés à environ dix-huit pieds de distance : on faisoit passer d'un arbre à l'autre, les plus longs sarments de Vigne, que l'on soutenoit avec des fourches lorsqu'ils étoient chargés de fruit. Ces branches transversales, appellées *traduces* par les uns, & *rumpos* par d'autres, donnoient le nom à cette sorte de Vigne nommée par les Auteurs, *rumpotinetum* : on l'appelloit aussi *arbustum gallicum*, parce que ce sont les

Gaulois qui l'avoient imaginée. La Vigne arbustive, est aujourd'hui peu connue en France, à l'exception des Provinces méridionales, où l'on a encore conservé cette méthode en plusieurs endroits.

Les Vignes *basses* sont aussi de plusieurs sortes, *les Vignes rampantes, celles qui se soutiennent d'elles-mêmes, & les Vignes à échalas.*

1°. Celles qui rampent sur terre, comme en Espagne, & qu'on appelle en Anjou, *Vignes courantes*, (*stratæ Vineæ.*) Pline nous apprend qu'on suivoit cette méthode en Afrique & dans la Gaule Narbonnoise, à cause du ravage des vents qui n'y permettoient pas d'autre culture : cette culture est d'ailleurs la moins coûteuse de toutes. On se contente de couper la partie supérieure du tronc qui a porté, pour l'obliger de pousser toujours plus bas de nouveaux jets, que Pline appelle *pollices*, (*quod viribus polleant ;*) aussi, dit-il, les raisins boivent, pour ainsi dire, le suc de la terre, & y deviennent d'une prodigieuse grosseur. En quelque Pays où cette culture est en usage, on soutient sur de petites fourches, les sarments qui portent le fruit.

2°. Les Vignes qui se soutiennent d'elles-mêmes, (*surrectæ vites,*) font de deux sortes ; celles qu'on appelloit *brachiatæ*, à cause des bras qu'on faisoit faire à la tige : chaque bras à hauteur d'un demi pied, regardoit chacun des quatre points cardinaux correspondant ; l'autre sorte s'appelloit *capitata vitis*, & s'élevoit à la même hauteur que la précédente ; mais on n'y laissoit point de bras, parce qu'elle se cultivoit ordinairement avec la charrue, ce que la saillie des bras auroit empêché. Ces Vignes droites, qui se soutiennent d'elles-mêmes sur leurs tiges, sont encore en usage dans le Dauphiné, en Provence, Gascogne, Anjou, &c.

3°. Les Vignes à échalas, sont pareillement de plusieurs sortes. Les anciens en distinguoient de quatre especes, *pedatæ*, *charachatæ*, *cantheriatæ* & *compluviatæ*.

Celles qu'ils appelloient *pedatæ*, étoient simplement attachées à des échalas droits, plantés au pied de chaque cep, sans ordre ni alignement, comme dans le Pays Messin, &c.

Ils nommoient *Characatæ*, les Vignes dont les sarments s'attachoient à des roseaux disposés en rond autour du cep ; (*charax* en Grec, veut dire *échalas* ;) ces Vignes avoient la forme des arbres taillés en gobelet.

Celles appellées *cantheriatæ*, ressembloient à peu près à nos contre-espaliers ; on les appelloit aussi *jugatæ jugo simplici*, parce qu'on rangeoit les échalas en forme de joug militaire qui se faisoit, comme on sçait, en plantant verticalement deux lances à terre, & en attachant horizontalement la troisiéme sur les deux autres.

Lorsque ce joug étoit double & arrangé en longueur & en largeur, de maniere que chacune de ses extrêmités regardât les quatre points cardinaux, alors on laissoit également quatre bras à chaque tige de la Vigne, & les jets de chacun de ces bras s'attachoient séparément à chacun des côtés de cette sorte de joug qu'on appelloit *compluvium*, & les Vignes ainsi arrangées, *compluviatæ*, (*sic dictæ à cavis ædium compluviis*, dit Pline.)

Cette derniere méthode étoit la plus propre à rendre beaucoup de Vin : cependant on préféroit, avec raison, les Vignes à treilles simples, dites *cantheriatæ seu jugatæ jugo simplici*, & disposées sur un seul alignement, à peu près comme dans l'Auxerrois, parce que la Vigne ainsi disposée, ne se fait point ombrage à elle-même, & reçoit mieux des deux faces, les influences de l'air & du soleil ; les vents la traverfent, & n'y laiffent pas féjourner l'humidité ; la fleur s'en paffe plus aifément ; la maturité eft plus égale & plus parfaite : d'ailleurs, elle eft plus aifée à lier, à ébrouffer ou nettoyer, & pour tout le travail de la main, même pour celui de la terre qu'on pourroit labourer avec la charrue, comme en Provence & en Gafcogne, fi les intervalles étoient plus efpacés qu'on n'a coutume de les faire dans l'Auxerrois. C'étoit l'ancienne méthode de prefque toute l'Italie ; mais Mr. Bidet la profcrit, fans en donner de bonnes raifons.

En Bourgogne, en Champagne & dans le Pays Meffin, on n'y connoit gueres que la forme de Vigne défignée par les anciens, fous le nom de *pedata* ; c'eft auffi la feule dont nous parlerons ici. J'aurois cependant beaucoup à dire fur le choix des différentes formes qu'on peut donner à la Vigne, & qui devroient en varier la culture.

Je remarquerai feulement, qu'autrefois les Provençaux plantoient comme nous, la Vigne à plein dans un champ ; mais l'expérience leur a appris que les racines multipliées par les farments recouchés en tout fens, fe nuifoient réciproquement, & que la Vigne étoit d'un bien moindre rapport. Ils changerent donc de méthode: les plantations nouvelles, se firent par allées qui avoient quatre ceps de front: entre chaque allée, on laissoit une planche pour le bled, de quatre, cinq ou six toises. On s'apperçut encore, que les deux rangs de ceps du milieu, produisoient beaucoup moins que les Vignes du déhors, & depuis ce temps-là, les nouvelles allées n'ont été que de deux ceps de front, & ces deux ceps rapportent presque autant que les quatre donnoient auparavant. L'intervalle d'un cep à l'autre, doit être de trois pieds.

Mr. Bidet a grand soin d'observer que la Provence étant un Pays extrêmement chaud, si on rapprochoit les ceps les uns des autres, en tout sens, à un pied de distance au plus, & sans division de planches, la feuille couvriroit d'avantage le fruit, que les vifs rayons du Soleil brûlent avant la maturité du fruit, ce qui altére la qualité du Vin pour la boisson. &c.

Il s'ensuit de ce raisonnement de Mr. Bidet, que ces bonnes gens se trompent, & qu'ils devroient prendre le contre-pied, quoiqu'ils aient pour eux l'expérience qui ne trompe jamais. La raison pourroit encore venir à leur appui, & ils pourroient répondre que la Vigne étant ainsi espacée, les racines qui pivotent plus profondément qu'on ne le croit, ont plus de circonférence pour tirer du fond de la terre, la nourriture dont elles ont besoin : cette terre du fond, conserve toujours assez de fraîcheur pour n'être pas réduite en poussière avant le mois d'Août, comme le dit le Copiste de Mr. Bidet : les Provençaux sont même obligés d'effeuiller, de lier & couper les branches pour procurer la parfaite maturité du raisin, comme on le peut voir dans le Mémoire de Provence, inséré dans le Gentilhomme Cultivateur, *pag. 273.* Mais si nous en croyons Mr. Bidet, ce grand espacement des ceps est vitieux : son livre sera donc, malgré l'expérience qui le contredit, le Code universel des Vignerons de tous les Pays, & la méthode de Champagne, la seule à suivre, quoique ce soit peut-être la plus mauvaise, du moins pour les Pays froids, si le raisonnement de Mr. Bidet a lieu.

En effet, de ce que la distance des ceps donne lieu à la chaleur du Soleil de brûler le fruit avant la maturité dans les Pays aussi chauds que la Provence, il s'ensuit que dans la Champagne & les autres Pays plus froids que chauds, comme le Pays Messin, où les raisins acquierent rasement un degré de maturité convenable pour faire de bon Vin sans verdeur, & propre à se garder, sans pousser ni tourner à l'acide, faute d'huile exalteé. &c. Il s'ensuit, dis-je, que dans ces derniers Pays, il faudroit adopter la méthode de Provence, & diviser les rangs de Vignes, par planches de cinq à six toises, entre chaque double rangs de ceps, qui étant d'ailleurs espacés entr'eux d'environ trois pieds, laisseroient aux rayons du Soleil, la facilité de s'insinuer dans la terre découverte de verdure, pour y préparer & modifier la seve qui doit entrer dans les racines; la lumiere donnant à plomb sur le raisin, en feroit mieux *fermenter* les principes, & lui donneroit ce degré de *maturité* qui manque presque toujours dans les Pays Septentrionaux; car la maturité du raisin n'est autre chose qu'une *fermentation lente* des liqueurs dans la pulpe du fruit, fermentation qui veut une chaleur continue & égale, comme celle que produit la lumiere, &c. *Donc la méthode de Provence conviendroit très-fort à la Champagne & au Pays Messin.*

Mon raisonnement feroit certainement plus concluant que celui que fait Mr. Bidet pour l'introduction de la méthode de Champagne, dans les Provinces méridionales : il est d'ailleurs appuyé sur l'expérience heureuse, qu'en a faite Mr. Maupin, dans le petit vignoble de Triel près Poissy. Cet Auteur fait voir par le calcul, que sa nouvelle méthode qui est d'espacer les ceps de Vignes de quatre pieds en tout sens, donneroit un bénéfice annuel de cent quatre-vingt millions de plus que l'ancienne méthode, soit par la diminution immense des frais de plantation, de culture & d'entretien, soit par la diminution du nombre de Vignerons, & de la consommation de fumier qui se portera sur les terres, soit parce que les ceps isolés produiront avec plus d'abondance, & pour ainsi dire, sans aucune culture ; soit à cause de l'augmentation du prix des Vins, par la *qualité* que leur donnera une plus parfaite maturité du raisin.

La distribution égale des ceps, qui est bien plus favorable à la végétation, contribuera en même temps à la quantité, en permettant de laisser à chaque cep, devenu plus vigoureux, de plus forts brins à fruits, & en plus grande quantité que dans l'ancienne méthode. Cette culture met d'ailleurs les ceps presque entierement à l'abri des accidents, tels que la gelée, la coûlure & autres, parce qu'étant plus espacés, ils jouissent mieux des

influences,

influences, sont plus aérés & moins humides, & qu'un terrein découvert, est plutôt desseché qu'un sol entierement couvert de pampres & de verdure ; ce qui rendra les récoltes plus égales, plus sûres & plus abondantes.

Ce qu'il y a de plus singulier, c'est que le Gentilhomme Cultivateur, qui critique si amerement & avec tant d'injustice, l'ouvrage de Mr. Maupin, *tom. 14. pag. 238.* conseille la même méthode, d'espacer les ceps & de planter en *jovalle*, qui n'est autre chose que la *vitis jugata jugo simplici* des Romains: c'est même du Latin, *jugalis*, qu'est tiré le mot de *jovalle*, selon Perion.

Nous avons dit que les Provençaux laissoient deux rangs de ceps : le Gentilhomme Cultivateur, conseille, *pag. 214.* de n'en laisser qu'un, avec un intervalle de sept pieds entre chaque sillée ; mais il y auroit trop de perte, il faut au moins deux ou trois sillées.

C'est aussi la méthode de Mr. Duhamel, qui conseille de mettre trois rangées de ceps, éloignées de trente pouces l'une de l'autre, de même que les ceps, dans une planche d'environ cinq pieds. Les plattes-bandes ou intervalles libres, qui séparent alternativement les planches où sont les ceps, sont également de cinq pieds, & se cultivent avec les mêmes charrues & les mêmes cultivateurs dont on se sert pour labourer les plattes-bandes des terres labourables dans la méthode Tullienne, ce qui diminue les frais de culture & de travail, épargne les échalas, les liens & le fumier, procure l'écoulement des eaux si contraires à la Vigne, produit plus de Vin, & de meilleure qualité. &c. &c.

Outre qu'on peut semer des grains ou des racines dans les intervalles : la Vigne profitera en dessous de tous les sucs de la couche inférieure, où ne peuvent atteindre les racines des grains ; & les bons labours que l'on donne à ces espaces, pour les préparer à recevoir les semences que l'on veut leur confier, tournent autant au profit de la Vigne, que des grains mêmes.

M. Valmont de Bomare, dit qu'une piéce de Vigne cultivée suivant cette méthode, a rapporté deux cinquiémes de plus, à proportion de la récolte qui avoit été faite dans la vieille Vigne ; elle a produit sur le pied de vingt-trois muids & quatre-vingt-seize pintes par arpent ; & le Vin a été estimé de meilleure qualité. On peut voir les avantages sans nombre, de cette nouvelle culture sur l'ancienne, dans le 14e. vol. du Gentilhomme Cultivateur.

Tout cela sans doute, n'empêchera pas que l'on ne suive dans le Pays Messin & ailleurs, la même méthode de planter la Vigne à *plein*, & de provigner les ceps en les recouchant les uns sur les autres, malgré les inconvénients sans nombre, qui en naissent, & dont on peut voir le détail dans l'ouvrage de Mr. Maupin ; mais les hommes tiennent plus à la routine qu'à la raison, & ce que nous allons dire par la suite, ne concerne que l'ancienne méthode des Vignes en plein & sans ordre.

ARTICLE SECOND.

De la taille, des coups de la main & de l'outil.

Jusqu'à présent, la taille n'a été employée qu'à fortifier la jeune plante; ainsi les quatre ou cinq premieres années, on laisse les chapons forts courts, & on rogne de près les petits sarments qu'ils jettent; mais lorsqu'ils portent deux ou trois fleches bien nourries, d'un bois mûr, & que le chapon a pris de la force au pied, le voilà hors de l'enfance ; il promet du fruit pour l'année suivante, & il s'appelle cep : c'est par la *taille* qu'on régle sa figure & son sort.

Je ne m'arrêterai point à déveloper les principes & les motifs de la taille, c'est l'objet d'un ouvrage particulier, & on peut voir d'excellentes choses à ce sujet, dans les Mémoires insérés par Mr. Bidet, *dans son 36e. chapitre.* J'observe seulement que cette premiere taille du cep, pour le fruit qu'il doit donner à la cinquiéme feuille, est la plus importante ; c'est d'elle que dépend aussi la peuplade de la Vigne en bon grains. On ne laisse sur la tête du cep, qu'une ou deux fleches ou *tailles*, & au plus, trois sur les plus fortes : on choisit les fleches ou tailles les mieux nourries, & d'un bois mûr : on ne laisse que cinq à six bourres sur la plus forte fleche; trois sur la moins forte, & deux sur la plus foible. Lorsque le cep ne porte qu'une seule fleche, on lui laisse six à sept bourres si cette fleche unique est forte & bien nourrie ; si elle est foible, il lui en faut donner moins.

L'objet de cette maniere de conduire la taille d'une Vigne prête à donner son premier fruit, est de bien connoître les qualités de chaque cep, & d'avoir des sujets à provigner en place des chapons qui auront manqué, & dans le voisinage, des ceps qui s'annoncent pour être de mauvais grains, qui sont avortés ; qui languissent, & sans même épargner les paresseux.

Le propriétaire doit lui-même descendre dans ce détail, & visiter sa Vigne la premiere année qu'elle porte fruit, afin de désigner & de faire marquer avec un brin d'osier, les bons ceps qu'il veut qu'on provigne en place de ceux qui s'annonceront pour être de mauvais grain ou sans fruit. Le propriétaire ne doit pas perdre de vue, ce mot de l'admirable Fabuliste Latin, *plus videas oculis tuis quam alienis.* C'est de cette premiere disposition, que dépend entierement la peuplade de la Vigne en bons ceps portant fruits.

La taille sera la même, à peu près, pour les années suivantes, en observant que c'est la bonté du terrein qui décide de la quantité de fleches qui doivent partir d'un cep : les terreins légers ou délicats, en souffrent rarement deux. Il faut encore observer que chacune des fleches ou tailles, n'en doit pas porter une autre.

Quant à la saison de la taille, je n'entrerai dans aucune discussion là-dessus ; les Vignerons s'en tiennent ordinairement à l'usage des lieux, en observant seulement, de ne point tailler par les grands froids, pour que le bois ne soit point altéré par la gelée, ni dans le temps de la feve, parce le cep en perdroit trop, & le sujet périroit.

C'est donc, ou dans l'Automne, à la chute des feuilles, ou vers la fin de Février, qu'on doit faire la taille d'Hiver.

Dans les Provinces méridionales, où le climat est chaud & les Hivers doux, on a raison de préférer la taille d'Automne; mais dans les autres Provinces, & surtout dans le Pays Messin plus au Nord, celle de Février ou de Mars, est bien moins risquable, & doit être conservée, malgré le conseil de Mr. Bidet, qui est pour la taille d'Automne.

La taille après l'Hiver, a encore cet avantage; c'est que l'on peut tailler plus ou moins court, selon le besoin; & si la Vigne a été atteinte de la gelée, on peut alors la couper fort court, ce qui est nécessaire afin qu'elle fructifie mieux l'année suivante, & ce qui est impossible à pratiquer quand on a taillé avant l'Hiver : outre qu'une Vigne non taillée se garantit mieux de la gelée, & devient même plus robuste pour résister aux gelées du Printemps, on y gagne encore du côté du produit ; car de Serres donne pour maxime, *que la taille tardive, est plus propre à donner du fruit.*

En Bourgogne, après vendange, on

ôte les échalas, & on nettoie chaque cep, en enlevant d'un coup de serpe, tout le bois qui a porté fruit; on ne réserve que la taille ou fleche qui doit être taillée après l'Hiver; c'est ce qu'on appelle en termes du Pays, *élaver les Vignes*: cette opération leur est très utile; outre qu'elle abrége l'ouvrage de la taille après l'Hiver, c'est que ces tailles ou fleches, laissées seules sur le cep, se fortifient & prennent de la nourriture à leurs boutons, ce qui les rend plus fructifiantes.

Pour achever de perfectionner cette derniere méthode utile, il faudroit donner en même temps un labour avant l'Hiver, afin que la terre durcie & battue par les pieds des Vendangeurs, puisse ouvrir son sein aux influences de l'Automne & de l'Hiver, & s'engraisser des pluies de ces deux saisons.

Il faudroit en même-temps employer la pratique des anciens, de déchausser chaque cep, & de former autour, comme une espece de petit bassin pour y entretenir quelque temps l'humidité des pluies d'Octobre. C'est ce que les anciens appelloient *ablacuare*: dans le temps de cette opération utile, on coupe à un travers de doigt, les radicules qui poussent à la superficie de la terre, vers le collet du cep, & qui empêchent les maîtresses racines qui sont profondes, d'en produire de nouvelles, plus propres à pomper la seve, & à transmettre la nourriture au cep; c'est ce qu'on appelle en Gascogne, *ébarber*: l'on aura soin ensuite de rechausser les ceps avant les grands froids, vers le commencement de Décembre: on peut même les butter, en amoncelant la terre autour du cep.

Mr. Bidet recommande encore une pratique, c'est d'enlever avec l'ongle, lors du déchaussement, les petits yeux qui sortent de la souche & de ses rejettons, comme aussi les premiers yeux qui naissent sur le bois le plus près de la souche, qui donne rarement du fruit. Cette opération est bonne pour les yeux qui sortent directement de la souche; mais elle est trop dangéreuse sur le bois de l'année, parce qu'elle peut ôter ou du fruit, ou du bon bois.

Tout les travaux de l'Automne, facilitent beaucoup ceux du Printemps, & disposent la Vigne à donner plus de Vin & de meilleur qualité. On devroit donc les prescrire aux Vignerons, à l'arbitrage desquels on abandonne trop aisément les façons

façons multipliées qu'exige la culture de cette plante, qui n'est avantageuse que lorsqu'elle est bien faite.

Après l'Hiver, lorsque le temps commence à s'adoucir, la coutume en Bourgogne, est de tailler à quatre ou cinq yeux les Vignes qu'on a élavées en Automne. De cette taille de quatre bourres, il peut y avoir huit tiges, & toutes portant fruit, car on sçait que les bourgeons viennent doubles au même œil, mais que celui du dessous est plus foible & se développe plus tard; il est presque imperceptible, jusqu'à ce que le supérieur soit hors de son étui de trois à quatre lignes; mais alors il le regagne de vîtesse, & le fruit y paroît aussi-tôt qu'au supérieur : l'œil majeur porte néanmoins un fruit toujours plus gros & mieux nourri que l'inférieur.

De ces quatre bourgeons supérieurs, on ne conserve ordinairement en Bourgogne, que celui du bas pour la *taille* de l'année suivante; & les sept autres, s'ils portent fruit, on les pince adroitement sur le fruit, afin que la nourriture ne soit point inutilement employée au-dessus du fruit : s'il n'y a qu'une partie de ces yeux qui portent fruit, on jette bas tous ceux sur lesquels il n'en paroît point; & s'il n'y

R

a point de fruit, on ne laisse absolument sur le cep que le brin ou la *taille* de l'année suivante, qu'on nomme *taule* en Bourgogne.

Cette façon de pincer, qu'on appelle en Bourgogne *ébrouffer*, est de la plus grande importance, & veut être faite dans son temps, qui est vers le 10 Mai, dans les années les plus tardives. Le moindre retard à cette façon de l'ébrouffement seroit très préjudiciable à la Vigne, parce qu'elle jette toute l'effluence de la meilleure seve qu'elle puisse acquérir, dans les quinze à vingt premiers jours de sa pousse ou végétation; ensorte que si le mois de Mai ne donne pas le bois convenable pour l'année suivante, nous en désespérons, parce que le bois qui n'est pas tout formé en Mai, est sujet à *échampeler*, comme on dit en Bourgogne; ce qui arrive lorsque le gros solage de Juin & de Juillet, venant à donner à plomb sur l'œil encore herbacé & trop tendre qui naît en Juin, le cuit & le brûle à cause de sa délicatesse, ce qui l'empêche de pousser l'année ensuite. D'un autre côté, la seve étant, pour ainsi dire, morte dans ces deux mois de Juin & de Juillet, les boutons à fruit qui se forment dans le bois à fruit ou *taille* de l'année suivante, ne peuvent recevoir assez de nourriture, & la deuxiéme récolte qui en dépend, viendra nécessairement à manquer: au contraire, quand le bois ou la *taille* de l'année suivante, *est du mois de Mai*, qu'il se trouve formé & fortifié au 20 ou 30 Juin, il ne craint plus la champelure d'Eté, dont celle d'Hiver est, pour ainsi dire, une suite, parce que le bois mal formé, est plus sensible au verglas, aux brouillards froids & à la gelée.

L'ébroussé usité en Bourgogne, a donc moins pour objet l'opération du pincement des brins à fruit pour faire grossir le raisin, que le dépouillement de toutes les branches qui n'ont point de fruit, dans la vue de faire grossir le bois ou la *taille* de l'année suivante, & par-là, de la disposer à fruit; car on ne peut trop répéter avec Mr. de la Quintinie, que la *Vigne fait son fruit dans le temps que la seve produit ses branches*; c'est-à-dire, que dans le moment que la seve produit la branche, il se forme aux nœuds de cette branche, un germe d'où doit sortir la branche à fruit de l'année suivante. (*)

(*) Il en est de même de tous les arbres. Voyez dans le troisiéme feuille de l'avant-Coureur de cette année,

Mr. Bidet confond l'opération que je viens de détailler, avec celle de *rogner la Vigne*. Dans ce premier coup de la main, on ne rogne point le bois ou la *taille* de l'année suivante; l'opération consiste à jetter bas toutes les tiges qui n'ont point de raisin; ensorte que s'il ne s'est montré aucun fruit, on ne laisse sur le cep que *le bois* ou *la taille* de l'année suivante, mais on se garde bien de le rogner, ce qui le feroit tout jetter en fausses pousses, & l'empêcheroit de croître, de grossir, & de se former à fruit; car on sçait que la Vigne ne porte du raisin que sur des branches grosses & vigoureuses, & jamais sur celles qui sont petites, chifonnes & mal nourries. Tels sont les motifs qui engagent à prendre tant de soin de cette *taille* précieuse.

Lorsqu'il paroît du fruit dans les tiges venues au-dessus de cette fleche ou taille qui contient toute l'espérance de l'année suivante, on pince, comme nous l'avons

---

fol. 39. l'événement du pommier arraché au Printemps, avant d'avoir fleuri, & dont les racines resterent découvertes pendant tout l'Eté. Il fut rechaussé au mois de Novembre, reprit vigueur, & poussa des fleurs qui durerent jusqu'aux premieres gelées. Ce qui prouve que les arbres peuvent renfermer très long-temps dans leur intérieur, des germes & des embrions qui ne doivent se développer que bien du temps après.

dit, au-dessus du raisin, pour le faire grossir. Malheureusement toutes ces opérations assez délicates, sont confiées à des *ébrousseuses* & à des gens de journée qui causent bien du dégât dans les Vignes, lorsqu'ils n'y apportent point d'attention.

Le pincement des tiges qui ont montré du raisin, occasionne des jets ou fausses pousses qui obligent de rentrer dans la Vigne dix ou douze jours après, ce qu'on appelle en Bourgogne *recourir*. On jette bas toutes ces fausses tiges, tant sur le raisin que sur la *taille*, toujours à dessein d'y conserver l'humeur nourrissante, qui seroit consommée par toutes ces *druges*, au préjudice *de la taille* & du raisin qui ne pourroient mûrir.

On répéte une troisiéme fois la même façon, lorsqu'on attache les tiges à l'échalas; & on nomme en Bourgogne, ce troisiéme coup de main, *rasilioler*.

Vers les 15, 20 & 30 Juin, on casse la *taille* à trois ou quatre feuilles de sa sommité, afin que sa pousse étant arrêtée, l'humeur regonfle pour la nourriture des yeux & du raisin qu'elle peut porter: par cette opération le bois & les yeux grossissent, ils sont mieux nourris & moins sujets à la champelure, tant d'Eté que d'Hiver, qui n'est jamais occasionnée que par le défaut de maturité du bois. C'est de cette rognure de la *taille*, que dépend le succès d'une récolte avantageuse pour l'année suivante ; car sans cela, la *taille* s'éleveroit à six ou sept pieds de hauteur, & n'acquerreroit pas dans le bas cette grosseur, cette maturité, cette force de bois d'où dépend sa *fécondité* en raisins.

Comme la principale force de végétation du cep se trouve passer dans la *taille*, selon le but que l'on en a eu par toutes les opérations ci-dessus décrites, on devine aisément que la rognure de la *taille*, qui s'est faite sur les fins de Juin, la détermine à pousser vers les yeux de l'extrêmité de cette fleche, des jets ou nouvelles pousses qui grandissent assez dans le mois de Juillet, pour surpasser de beaucoup l'échalas, ce qui rend celui-ci le jouet des vents qui le renversent par terre ; outre que cette touffe de pampre empêcheroit la circulation de l'air & des influences qui doivent mûrir le raisin, & nuiroit d'un autre côté à la maturité de la *taille*, en empêchant que son bois ne fût bien *aoûté*. Ces inconvénients déterminent les bons Vignerons à couper avec la serpette, vers les commencements d'Août, toute la superficie de la *taille* &

de ſes jets qui excédent l'échalas : cette coupe produit le même bien que la premiere, & facilite la maturité du bois. Les Vignerons les plus négligens, ſe contentent de relever les échalas renverſés, & de lier autour, la ſommité de la *taille* & de ſes jets.

Si dans le cours de ces opérations, le Vigneron remarque que le raiſin qui eſt noué, a peine à défleurir, & ſurtout qu'il ſoit entortillé des ſoies de l'inſecte, connu en Bourgogne, ſous le nom de *Maȥar*, il careſſe le raiſin, en le paſſant doucement dans ſa main, pour en détacher les pétales deſſéchées & les toiles des *inſectes* qui cauſent tant de préjudice aux Vignes. Mr. Bidet dit que Pline & Columelle les déſignent tous, (j'ignore dans quel paſſage,) ſous le nom de *Vers coquins* qui piquent le raiſin, & que ce ſont ces Vers qui occaſionnent la maladie qu'il nomme *vermiculation.*

Je n'ai point parlé des coups de labours, ni du temps de les donner. On ſent qu'ils dépendent de l'intelligence du Vigneron, qu'ils doivent être plus fréquents dans les terres fortes & compactes : que dans ces fortes terres, on ne doit les donner qu'après une petite pluie : dans les terres légeres au contraire, il faut donner les coups de l'outil, dans les temps couverts & avant la pluie, si l'on peut.

L'objet principal de ces labours, est la destruction des mauvaises herbes; on les réitére à mesure qu'elles croissent; mais qu'on se rappelle que j'ai prescrit un coup de labour avant l'Hiver. Cet ant'Hiver est aussi essentiel aux Vignes qu'aux terres labourables. En le négligeant, nous nous privons volontairement de la graisse du Ciel la plus propre à féconder nos héritages.

Tel est à peu près le détail des coups de la main qu'on donne aux Vignes en Bourgogne, dans lequel on a pû voir que l'objet principal est de ménager, d'une part, l'accroissement, la grosseur & la maturité *de la taille* ou *taule* qui doit donner le fruit l'année suivante; & de l'autre, de faire grossir & mûrir le raisin de l'année, en nettoyant à plusieurs reprises, les tiges qui les portent, & en les rognant. On n'apporte pas tant de précautions dans le Pays Messin: voici en peu de mots la culture qui s'y observe.

ARTICLE TROIS.

Culture de la Vigne dans le Pays Messin.

Dès le mois de Février, souvent même auparavant, on taille la Vigne à dix ou douze yeux; on la laboure ensuite à la beche, & ce premier labour se nomme *la hourie*, parce qu'on s'y sert d'un hoyau ou d'une beche, instrument fort peu commode pour labourer, en ce qu'il faut frapper comme avec la pioche pour faire entrer l'outil dans la terre, & que d'ailleurs, on risque de blesser les ceps. La *maille* dont on se sert en Comté, qui est faite en triangle, comme un soc de charrue, & le *fessou* qu'on emploie en Bourgogne, qui est un fer pointu qui coule le long du manche, sont bien plus aisés à manier; le Vigneron en fait entrer la pointe dans la terre, & la tire à lui, par ce moyen il avance plus l'ouvrage, & ne risque point de blesser les ceps.

Cet ouvrage dure ordinairement jusqu'au mois d'Avril, temps auquel on plante les échalas. La Vigneronne suit alors avec une poignée de brins de paille coupés sur douze ou quinze pouces de longueur, & appellés en langage du Pays, *pliants* : avec un ou deux de ces pliants, elle saisit le haut du sarment taillé, le courbe & l'attache près de la tête de la Vigne, à *l'échalot* ; le sarment forme par-là, une espèce de *cerceau*, & les boutons à fruit sont rapprochés au pied du cep, pour pouvoir, dit-on, profiter de plus près de la réverbération qui s'y fait de la chaleur & des rayons du Soleil.

Cette maniere est vicieuse, quoique défendue par Mr. Bidet, *pag. 364. tom. 1er.* Cet Auteur contredit en cela ses propres principes, puisqu'on ne peut plier la taille en *cerceau*, (c'est ce qu'on nomme *archelot* en Bourgogne,) qu'en taillant fort long, ce qui, selon le même Mr. Bidet, est un grand inconvénient, & nuit à la qualité du Vin. (*)

─────────────────────

(*) D'ailleurs, on risque par-là de casser ou de fendre le sarment plié en arc, ce qui fera infailliblement périr les brins qu'il doit porter l'année suivante, si l'Hiver est rigoureux, parce que la gelée a plus de prise sur le bois éclaté & ouvert. D'un autre côté, pour peu que cette plicature ait fait fendre l'écorce du sarment, les premiers rayons du Soleil & le hâle font retirer les lèvres de la fente, & desséchent le bois jusques dans le cœur, ce qui fait périr le sarment & tous les brins qu'il porte. J'en ai déjà parlé pag. 145. Il est vrai que les yeux ou bourgeons du cep plié en arc, étant contraints & pressés, donnent plus de raisins parce qu'il sort quelquefois deux jets à chaque œil. Mais ces raisins seront petits & peu fournis, surtout

Au mois de Mai, on *châtre* la Vigne. C'est couper de l'extrêmité de l'ongle, & supprimer les rudiments des jeunes branches qui commencent dèslors à se montrer entre le jeune raisin & les feuilles. On supprime en même-temps les petits rejettons qui sortent des côtés & du bas de la souche. On sent bien que cette opération va à économiser la seve, & à empêcher qu'il ne s'en emploie à la nourriture de ces rejettons & de ces petites branches inutiles. On continue tout le mois de Mai & le suivant, à suivre dans leurs crues les progrès de ces rejettons inutiles, pour les retrancher ; ensuite on releve la Vigne, c'est-à-dire, on attache à *l'échalot* le nouveau sarment qui doit fournir le fruit de l'année suivante.

On donne aux Vignes pendant l'Eté, un ou deux labours superficiels à la houette, pour supprimer les mauvaises herbes : communément on en donne un dernier au mois d'Août, après lequel le Vigneron

---

si l'on n'a pas soin de rogner la branche qui les porte, souvent même de jetter bas le raisin double, afin de procurer à ceux qu'on laisse, la faculté de grossir & de mûrir. Ce sont ces inconvénients qui ont fait proscrire cette methode par les Beaunois. Leur culture est entièrement différente de celle du reste de la Bourgogne. Nous en parlerons fort en détail, quand nous traiterons des vignobles de Bourgogne, dans *l'Histoire Naturelle de la Vigne & des Vins*.

ne va gueres dans les vignes jusqu'à la vendange, que pour en raſſurer les échalas & ratacher les jeunes ſarments que le vent ou les mauvais temps ont dérangés.

Dans la plupart de ces vignobles, on a grand ſoin de fumer les Vignes : on y répand le fumier au mois de Mars, ſur la terre, après l'avoir bêchée ; mais on remarque dans le Pays même, que ces Vignes engraiſſées de fumier, ne donnent qu'un Vin plat, ſujet à la pouſſe, qui n'eſt pas de garde, & qui ne peut ſouffrir le tranſport.

Quant à la maniere de provigner, lorſque le Vigneron trouve les ceps d'une Vigne de ſa métairie trop vieux, il les couche & les enfonce de ſept à huit pouces en terre, il n'en laiſſe ſortir que le jeune bois, qu'il a taillé auparavant pour être proportionné à la diſtance à laquelle il doit ſe trouver. Cet ouvrage ſe fait principalement en Novembre & Décembre ; tous les ans le Vigneron provigne quelques Vignes de ſa métairie, enſorte qu'ordinairement chaque Vigne eſt provignée une fois dans douze ou quatorze ans, ce qui ſe fait à Metz plus ſouvent qu'ailleurs, parce que les Vignes jeunes produiſent davantage, & que par la coutume locale, le Vigneron eſt intéreſſé à l'abondance

cette méthode est de tout point mauvaise, outre que cela ne doit point s'appeller *provigner* les Vignes, mais les *ravaler*.

Les Vignerons du Pays Messin, ne sont point dans la coutume de greffer, parce qu'ils sont mieux payés d'une nouvelle plantation.

On voit par ce court exposé de la culture des Vignes dans le Pays Messin, que les pratiques qu'on y suit sont absolument mauvaises, & qu'elles doivent influer sur la mauvaise qualité des Vins.

1°. On y taille dans les mois de Janvier & de Février, qui sont précisément les mois où la taille doit être interdite, à cause des suites de la gelée & des verglats sur la blessure des tailles qui font gercer le bois, & risquent de le faire fendre & geler.

2°. On laisse à la taille, dix à douze boutons : Mr. Bidet a raison d'observer qu'il faut que le terrein soit d'une forte nature, & qu'il produise un bois bien vigoureux, pour lui laisser jusqu'à douze boutons ; dans ce cas, le Vin doit être bien grossier, car plus on taille la Vigne basse, plus le Vin a de délicatesse.

3°. On répand le fumier sur la terre au mois de Mars, ce qui ne sert qu'à produire des insectes, faire croître des mauvaises herbes, & donner une mauvaise qualité au Vin.

Quelques Vignerons du Pays Meſſin, ont imaginé, au rapport de Mr. Vallemont de Bomare, un fort bon engrais pour les Vignes, ce ſont les ongles, ou ergots du derriere des pieds de moutons, qu'ils nomment *ingliottes*; lorſqu'ils provignent, ils mettent une poignée de ces ongles ſur chaque provin : cet engrais ne communique au raiſin, aucun goût ni aucune mauvaiſe qualité ; il produit ſon effet dès la premiere année, & procure pendant ſix ou ſept ans, une fécondité ſuffiſante. Une bonne méthode encore pour remplacer le fumier, c'eſt d'y porter des mottes ou gazons enlevés ſur les pelouſes.

On y apporte encore aſſez de ſoins & de précautions pour nétoyer la Vigne de ſes druges ou fauſſes pouſſes ; mais comme on ne rogne pas les tiges à fruits, ni la *taille* de l'année ſuivante, elles ont la liberté de croître dans toute leur longueur ; elles excédent bientôt de trois à quatre pieds, l'échalas qui dans ces Pays eſt de la hauteur d'un homme ; ces excédents ſe replient dans le deſſus de l'échalas, & forment une eſpece de voûte qui rend les raiſins & le pied de la Vigne inacceſſibles aux influences. Autre inconvénient : la ſeve ſe portant toujours dans le haut, ſelon la nature particuliere de cette plante qui tranſmet l'humeur auſſi aiſément qu'un Schyphon, enleve au raiſin toute ſa nourriture, & lui laiſſe rarement atteindre le degré de maturité convenable.

Un docte Académicien de Metz (*Mr. le Payen*,) a fait voir dans un petit Mémoire auſſi utile que curieux & bien écrit, tous les inconvénients qui réſultent de cette voûte de pampres & de verdure; il la regarde comme une des principales cauſes du *brûlé* de la Vigne; cette voûte de feuillage empêche, ou du moins retarde conſidérablement la maturité de la Vigne & de ſon fruit, en privant ce dernier de l'action de l'air & du Soleil; elle l'empêche de prendre de la qualité; elle épuiſe le pied du cep par des jets auſſi prodigieuſement longs; enfin, elle néceſſite à porter la dépenſe en échalas, au double de ce qu'elle ſeroit ſans cela. Il ſeroit donc bien avantageux aux vignobles du Pays Meſſin, d'y admettre la rognure qui ſe pratique en Bourgogne, & dont nous avons fait ſentir les raiſons & l'importance dans l'article précédent.

Si la rognure de la *taille* ou *taule*, & celle des brins à fruit, étoient faite à propos & chacune dans leur temps, il ne ſeroit pas à craindre que la fougue de la ſeve change le fruit en grappes filées, ou que la rafle devienne farment, comme le craint Mr. Goiffon dans fa lettre à Mr. Parent; elles feroient plutôt jetter des fauſſes pouſſes par les yeux, qui ſont au pédicule des feuilles, & ce ſont ces fauſſes pouſſes dont on débarraſſe le cep & les tiges, dans le mois de Mai & les ſuivans. Le changement de la rafle en farment a pu arriver quelquefois pas un dérangement de fibres, mais ce n'eſt point la rognure ni la deuxiéme taille qui en feroient cauſe. Lorſque le fruit eſt noué, il reſte ordinairement fruit; & le phénomene de la rafle devenu farment, eſt évidemment trop rare pour qu'on l'impute à cette cauſe, qui dans cette ſuppoſition, produiroit très-ſouvent le même effet.

L'Objection la plus ſolide qu'on ait faite à Mr. le Payen, eſt que la taille du farment nouveau eſt très propre à ouvrir & à faire croître le bouton, ſur lequel eſt fondée l'eſpérance de faire vendange l'année ſuivante. Cet habile Académicien élude l'objection par un trait d'eſprit, en diſant, *qu'en Champagne on racourcit le nouveau ſarment, & que par bonheur pour bien des honnêtes gens, on y fait quelquefois vendange.*

Il eſt cependant vrai que ſi la rognure de

de la taille est faite hors de propos, trop tôt ou trop court, cela peut engager les boutons à fruit qu'elle porte, à s'épuiser sur l'arriere saison, en fausses pousses qui nuiront à la récolte suivante : on en a la preuve en Bourgogne, c'est pourquoi on se contente de *casser la taille* du brin à fruit, vers la fin de Juin. L'objection auroit encore plus de force dans le Pays Messin, où on laisse à la taille d'Hiver, jusqu'à douze bourgeons, ce qui ne pouroit se faire si la taille d'Eté eût été trop courte ou trop hative.

Mr. Bidet en parlant de la rognure, confond celle de la *taille* ou *taule* qui doit porter l'année suivante, avec celle des tiges qui portent le raisin de l'année. Elles ne se doivent pas faire en même tems, celle des tiges qui portent le raisin, se fait dès que les raisins paroissent, c'est-à-dire, dès les premiers jours de Mai ; & celle de la fleche ou *taille*, ne se fait qu'au mois de Juin, quand elle a déja pris de la force & de la grosseur.

On la coupe une seconde fois au mois d'Août, comme en Bourgogne ; sans ces précautions on perdroit l'espérance de la récolte de l'année suivante.

Cette pratique revient assez à ce qu'exige Mr. Deslande, en son Traité du Jardinage ; il prétend qu'il faut tailler la Vigne en trois temps différents ; sçavoir, la premiere taille, avant le mois de Février ; la deuxiéme, vers la mi-Mai, quand les bourgeons des grappes sont tout formés, & que les branches ont acquis cinq à six pieds ; & la troisiéme, vers le milieu de l'Eté, pour ôter le pampre superflu qui ombrage le cep & le raisin. Mais cet Auteur se trompe sur le temps des tailles : la premiere qu'il prescrit avant Février, est mauvaise, en ce qu'elle se fait au cœur de l'Hiver ; la deuxiéme, à la mi-Mai, est trop tardive, en ce qu'elle a trop laissé croître les branches au préjudice du fruit qu'elles portent ; d'ailleurs, cet Auteur confond comme Mr. Bidet, la rognure des brins qui ont du raisin, avec celle *de la taille* ou fleche qui ne doit porter que l'année suivante, & qui doit faire presque seule, l'objet de toutes les attentions du Vigneron intelligent.

Au reste, on auroit peine à suivre dans le Pays Messin, les pratiques de Champagne à cet égard. 1°. Parce qu'on laisse sur la taille d'Hiver, jusqu'à douze bourgeons. 2°. Parce qu'en Champagne on ravalle les Vignes tous les ans, & que l'on y taille court ; au lieu que dans le Pays Messin, on ne ravalle que tous les douze ou quatorze ans. Il seroit par conséquent difficile d'y tenir les Vignes auſſi baſſes que dans certains cantons de Champagne : pour cela il faudroit reprendre les choſes *ab ovo*, depuis la plantation, & changer toutes les pratiques de culture : qu'on ſe rappelle à ce ſujet, ce que j'ai dit ſur les différentes *formes* de la Vigne, Art. premier de ce Chapitre.

CHAPITRE V.

De la maniere de faire le Vin.

APRÈS avoir démontré dans ce qui a précédé, que la bonté & la qualité des Vins du Pays Meſſin, dépendent moins encore du terroir que des mauvaiſes pratiques des Vignerons & de leur ignorance ſur le choix des divers plants de Vignes, & ſur la culture particuliere qui leur convient, il me reſte à faire voir que leur maniere de faire le Vin n'eſt gueres propre à le mettre en réputation, ni à détruire la mauvaiſe opinion qu'en donne l'Auteur de l'Hiſtoire des Plantes de Lorraine, en diſant qu'on attribue aux Vins de Metz, une vertu corroſive; ce qui sembleroit provenir des mauvaises qualités d'un sol peu propre à la Vigne. Heureusement pour le Pays Messin, que ce n'est qu'un allégué sans preuve, fondé sur un préjugé, & que tout le mal provient de la maniere de faire le Vin, sur laquelle on peut se rectifier. C'est pourquoi je donnerai encore plus d'étendue à ce Chapitre qu'aux autres, & je le subdiviserai pareillement en articles pour ne point fatiguer les Lecteurs, en commençant par exposer, d'après Mr. le Payen, les pratiques du Pays.

ARTICLE PREMIER.

Mauvaise méthode de faire le Vin dans le Pays Messin.

Les métairies sont quelquefois composées de vingt-cinq piéces de Vignes détachées & mêlées avec celles des autres particuliers, ensorte qu'il n'est pas libre de vendanger quand on le veut, ni même de retarder la vendange ; dans ce dernier cas, les Vignes ne manqueroient pas d'être pillées.

Un autre abus qui sort encore de là, c'est que ce sont les Vignerons assemblés en Communauté, qui ordonnent la vendange. On a déjà répété, que par le contrat passé avec eux, ils sont intéressés à l'abondance, & non pas à la qualité. Ces gens là qui fort souvent n'ont pas un cep de Vigne, ordonnent la vendange le plutôt qu'ils peuvent, parce qu'à leur égard, la maturité du raisin ne peut pas compenser ce qu'ils craignent souvent si mal-à-propos, d'une gelée. Cet abus devient insupportable, dans certains vignobles surtout. Il oblige partout à vendanger, sitôt que le Sénat Rustique l'a décidé.

Heureuse la Champagne, qui ne connoît pas l'inconvénient, ou plutôt la servitude des *bans de vendange à jour préfix*, sur une décision de gens intéressés à une récolte hâtive, au risque de faire du Vin verd & détestable. Un simple particulier peut contraindre en Champagne, les Gardes-Vignes à garder son héritage jusqu'à la cueillette du dernier raisin, ce qui procure aux Propriétaires la facilité de faire leurs vendanges à plusieurs reprises, selon le degré de maturité qu'exigent les divers Vins qu'ils veulent faire ; car la cueillette pour le Vin gris, sans être prématurée, ne doit pas être aussi tardive, que lorsqu'on veut faire du *Vin rouge*.

Il faut dans ce dernier cas, que la queue du raisin prenne une couleur rouge, qu'en ouvrant le grain le pepin en forte entiérement dépouillé de fa chair, & que le jus qui en coule colle les doigts : il faut ne vendanger qu'après la rofée, au contraire du Vin gris pour lequel il faut cueillir les raifins un peu moins mûrs & feulement dans le temps de la rofée du matin, lorfque les grains font couverts d'azure qui annonce leur fraicheur, afin qu'ils ne prennent pas de la couleur, comme cela arriveroit fi on leur laiffoit le temps de s'échauffer aux rayons du Soleil.

Tout le monde fçait qu'en Champagne on fait trois cueillettes dans la même Vigne ; la premiere, des raifins les plus mûrs, les plus fins, les moins ferrés, dont on ôte les grains pourris ou verds ; la deuxiéme, des gros raifins ferrés & moins mûrs ; la troifiéme, des raifins verds ou pourris, defféchés, & en un mot, *de rebut*. De ces trois cueillettes, on en fait autant de cuvées différentes.

Il faut convenir à l'honneur des Champenois, que leur induftrie, tant dans la maniere de vendanger que dans le traitement des Vins, l'emporte fur celle de tous les autres Peuples. On peut confulter à cet effet le traité de M. Bidet, où cette partie eft la mieux traitée de tout l'ouvrage; c'est par cette raison que j'ai soin d'oposer les bons usages des Champenois, aux coutumes vicieuses du Pays Messin.

Dans ces derniers vignobles, on est ordinairement huit jours à rassembler indistinctement & sans choix, *tous les raisins de la Vigne, dans un même grand vaisseau*.

Vers la fin de la coupe du raisin, on met ce qu'on appelle *la cuve à Vin*; c'est-à-dire qu'on presse le raisin ensorte que le Vin paroisse un peu, c'est ce qu'on appelle ailleurs, *faire un levain ou fond de cuve* : on recouvre ensuite la cuve de raisins non écrasés, & on laisse fermenter le Vin douze ou quinze jours, & quelquefois d'avantage, sans même faire attention à la température de l'air ; ensorte que dans les années où les mois d'Octobre ont été chauds, il est arrivé que presque tous les Vins de Metz se sont trouvés, ce qu'on appelle *piqués*, c'est-à-dire tournés à vinaigre. On a en vue par ces longues cuvées, de donner au Vin le gout de la rafle, afin, dit-on, de le conserver & de l'avoir plus foncé en couleur, pour satisfaire les Habitants de la Lorraine Allemande, qui exigent ce rouge foncé dans les Vins, sans s'embarrasser de leur qualité.

Vingt-quatre heures, & quelquefois quarante-huit heures avant de faire le Vin, plusieurs font fouler le Vin à la cuve : on en soutire ensuite le Vin qu'on distribue également dans différents tonneaux préparés à loger la cuvée ; on porte ensuite le marc au pressoir, & on le taille quatre à cinq fois. On distribue le Vin de pressoir, dans les mêmes tonneaux où l'on a mis le Vin de la cuve, sans distinguer les différentes tailles ; au contraire, la distribution s'en fait le plus également que faire se peut, afin que le tout se trouve d'égale qualité, c'est-à-dire, également mauvais : par là, on voit que le Vin de premiere & deuxiéme goutte, est pour ainsi dire ignoré à Metz.

Gouverner les Vins faits, n'est point en ce Pays, une opération gênante ; on remplit les tonneaux dix à douze jours après que le Vin y a été mis ; on les remplit une deuxiéme fois, quinze jours ou trois semaines après, ensuite une fois par mois.

On ne soutire pas le Vin avant le Printemps suivant ; & l'on ne le soutire que cette fois dans la premiere année ; on le fait une deuxiéme fois, au Printemps de la deuxiéme année, & quelquefois une troisiéme dans la troisiéme année. On n'y connoît ni les soufflets, ni les tuyaux par le moyen desquels on soutire les

Vins

Vins en Champagne, sans les ballotter ni les trop exposer à l'air : on tire tout simplement le Vin dans des seaux que l'on vuide dans le tonneau préparé.

Il semble qu'on ait pris plaisir à rassembler exprès dans cet exposé des méthodes du Pays Meßin, les moyens les plus courts & les plus sûrs pour faire le Vin le plus mauvais ; c'est cependant ce qui s'y pratique à la lettre.

1°. Il est évident que ce mêlange de raisins blancs, noirs, rouges, gris, pineaux, chasselas, gâmets, gaillards, verds, murs, pourris, dont les uns sont cueillis huit jours avant les autres, & s'échauffent avec la rafle qui fermente, ne pourra jamais donner par l'expression, un mixte dont les principes soient amis, une liqueur pure, homogene, bien fondue & durable.

Ces principes divers, qui résultent d'un mêlange aussi mal raisonné, doivent tendre sans cesse à la désunion & à la destruction du mixte qu'ils composent ; la moindre chaleur de l'atmosphere, ou le transport d'une pareille liqueur, doivent hâter sa conversion en vinaigre, ou sa corruption.

Si le mêlange de diverses especes de raisins est avantageux en certains cas, ce n'est que celui des especes dont on a étudié les effets, afin de perfectionner l'une par l'autre : il en est de même du mêlange des raisins de différentes Vignes. Celles situées dans une terre extrêmement légere & pierreuse, donnent un Vin qui a beaucoup de finesse & d'odeur ; d'autres placées dans un fond plus nourrissant, donnent un Vin qui a plus de corps : on réuniroit certainement ces différentes qualités dans un même Vin, par le mélange judicieux des raisins de ces différents cantons ; mais cet heureux mêlange ne sera jamais l'effet d'un hasard aveugle, qui confond tout sans ordre & sans choix.

D'ailleurs, on ne doit marier que ce qu'il y a de raisins parfaits dans une espece ou dans une Vigne, avec ce qu'il y a de raisins parfaits dans une autre ; sans cela, ceux qui sont verds ou pourris, communiqueront la verdeur, l'âpreté ou le goût de pourri au reste, à proportion de la quantité qui s'en trouvera dans le mêlange.

En Champagne, on mêle bien des raisins de différentes especes & de divers cantons. C'est même la connoissance du bon effet que produisent les raisins de trois ou quatre Vignes de différentes

ŒNOLOGIE. 219

qualités, mélangés dans une même cuvée, qui a porté à la perfection, les fameux Vins de Sillery, d'Ay & d'Hautvilliers. Mais cette connoissance est fondée sur l'étude & l'expérience, & sur le choix des meilleurs raisins de chaque Vigne, pour faire la premiere cuvée. La deuxiéme & la troisiéme cueillettes, ne servent qu'à faire les cuvées de deuxiéme & troisiéme qualité.

Du concours de ces différents fruits dont le crû n'est pas le même, quoique reconnu analogue, mais dont le choix & la maturité sont les mêmes, il n'en peut résulter, après qu'ils ont été exprimés, & qu'ils ont fermenté ensemble, qu'une liqueur exquise, qui réunit les bonnes qualités des différents crûs, l'homogénéité des principes, & par conséquent la durée de ce beau mixte.

On voit par-là de quelle importance il seroit d'étudier les divers effets des mêlanges, tant des especes que des cantons, mais avant tout, de prescrire par un Arrêt, le triage des raisins également mûrs, d'avec ceux qui sont verds ou pourris : on pourroit encore enjoindre d'égrapper tous les raisins, parce que le Vin de Metz a déjà assez de dureté & d'aprêté par lui-même, sans y ajouter

T ij

celle de la rafle, ce qui fait qu'on lui attribue, au rapport de Mr. Buchoz, une qualité corrosive.

2°. Ce mélange de tout grain, verd ou pourri, est vraisemblablement la cause pour laquelle on a pris la mauvaise routine de laisser façonner le Vin dans la cuve pendant quinze jours ou trois semaines. Cela ne pouvoit être autrement; une vendange si mal composée, doit s'aigrir avant de s'échauffer & de se façonner en couleur. Ce long séjour dans la cuve donne le temps à la fermentation de délayer, comme le dit Mr. de Goiffon, d'ébranler même les sucs de la rafle & de la peau, qui sont nuisibles à la santé & désagréables au palais.

„ Si les Vins du Pays Messin, cuvoient
„ moins long-temps, ils pourroient pro-
„ bablement, (dit le docte Académi-
„ cien dont j'ai fait si souvent usage,)
„ se transporter au loin, parce qu'ils
„ n'auroient pas perdu dans la cuve, *leur*
„ *esprit conservateur*. Nous remarquons
„ en effet, (continue cet habile hom-
„ me,) que c'est dans l'esprit de Vin
„ que tout se conserve. C'est en en mê-
„ lant un peu dans un tonneau de Vin
„ affoibli, qu'on le ranime & qu'on le
„ soutient: du Vin qui en seroit totale-

» ment dénué, ne feroit plus que du
» vinaigre; (car on fçait que cette der-
» niere liqueur foumife à la diftillation,
» ne fournit point d'efprit ardent;) il
» fuit de-là que plus le Vin aura perdu
» de *fon efprit*, plus il approchera du
» vinaigre, moins il fe confervera par
» conféquent.

Lorfqu'on laiffe pendant trois femaines, quelquefois au grand air & par une chaleur forte, les raifins raffemblés dans un grand vaiffeau, n'eft-ce pas chercher volontairement la diffipation de *cet efprit fubtil*, que Mr. le Payen appelle avec raifon *confervateur*, puifque fans lui le Vin ne feroit plus Vin? N'eft-il pas à craindre que la longue réfidence du Vin avec la rafle, (dont on fait ufage pour faire du vinaigre, parce qu'elle contient un acide très développé,) ne conduife fans intervalle, la fermentation vineufe à l'acide?

On ne peut éviter ces triftes effets, ni faire perdre aux Vins de Metz la réputation d'être *corrofifs*, que par trois moyens.

Le premier, par un triage des raifins parfaitement mûrs & bien choifis, pour faire une premiere cuvée : ne s'y trouvant point de raifins verds, la cuve ne feroit pas fi long-temps à s'échauffer, &

le Vin ne résideroit point avec la rafle, surtout si l'on avoit l'attention d'égrapper la bonne cuvée.

Il faut aussi observer de faire une cuvée, quelque petite qu'elle soit, de la vendange cueillie dans un jour ; car lorsqu'on *met la cuve à Vin* (pour me servir du terme employé à Metz) on laisse une partie des raisins non écrasés, avec d'autres qui sont déjà dans la cuve depuis huit jours : les premiers raisins qui seront déjà aigris, communiqueront leur aigreur à toute la masse ; & la fermentation se faisant à deux fois, en est beaucoup moins forte ; ce qui n'arriveroit pas, si l'on fouloit tout ensemble.

Le deuxième moyen seroit de préférer un Vin plus léger de couleur, mais plus sain & plus agréable, au rouge foncé que demandent les Lorrains & les Allemands ; ce rouge foncé provenant principalement de la fermentation de la rafle, on ne peut le procurer au Vin, qu'aux dépens de sa qualité & du changement de sa nature. Le rouge brillant ne doit provenir que de la maturité des raisins bien colorés, & non de la fermentation de la rafle pendant un mois; l'acerbe qu'elle lui communique, le rend au contraire plus sujet à pousser, & aux autres maladies du Vin, puisque les Vins blancs & Vins gris du même vignoble, se conservent bien plus long-temps & bien plus aisément que les Vins rouges, & cela, parce qu'ils n'ont pas résidé sur la rafle.

Je ne suis ici que l'écho d'un habile homme; mais il est bon de répéter souvent des vérités aussi essentielles aux richesses de tout un Pays, à la réputation des vignobles d'une Province entiere, & même à la santé de ceux qui s'abreuvent du crû de ces vignobles.

Le troisiéme moyen, c'est de distinguer les tailles. Mr. de Goiffon dit à ce sujet, qu'il ne regarde, *comme Vin proprement dit, que la traite de la cuve prise à propos, & le produit de la premiere serre du pressoir.* Encore exige-t-il un pressoir assez bien composé pour exprimer assez promptement la partie la plus précieuse de la liqueur, sans extraire de la rafle, ces sucs nuisibles & désagréables dont nous avons parlé. Il abandonne le produit de toutes les serres qui suivent la premiere, à ces gosiers qui ne sont chatouillés que par ce qui écorcheroit les nôtres, & à ces estomacs endurcis que le tarre n'incommode point.

Il est du moins certain que les tailles qui suivent la premiere serre, produisant du Vin plus rouge, mais de qualité bien inférieure, on devroit les entonner séparément pour en faire, comme en Champagne, du Vin de détour. On peut à cet égard, suivre les conseils de Mr. Bidet, en ce qu'il dit sur l'usage du pressoir à double coffre, & sur la nouvelle maniere d'entonner les Vins, *tom. 2. chap. 22.* Il faut, avant de lire, corriger l'erreur du renvoi des chiffres aux figures.

Quant au gouvernement des Vins, nous en parlerons après avoir développé dans l'article suivant, les principes de la fermentation, d'après lesquels on peut établir la meilleure maniere de faire le Vin.

ARTICLE SECOND.

Principes de la fermentation du Vin, & méthode pour le faire.

Le suc de raisins mûrs, tiré par l'expression, s'appelle *Moût*, (*mustum quasi mixtum, quoniam in illo omnia sunt confusa,*) parce que toutes ses parties sont encore dans une grande confusion; il prend le nom de *Vin*, lorsqu'il est exalté & épuré par la fermentation.

Ce sont deux liqueurs totalement différentes : la premiere est douce, assez agréable au goût, mais fade, & ne contient rien de spiritueux, ni de capable de porter à la tête ; au contraire elle se précipite toute en bas, & lâche le ventre, comme le fruit mûr de la Vigne ; mais la fermentation atténue tous les principes du moût & d'une liqueur fade, trouble, lourde & pesante, le change en une liqueur piquante, légere, claire & spiritueuse.

Les principes doivent être les mêmes dans les deux liqueurs, à *l'atténuation* près ; mais celle-ci, qui est l'effet de la fermentation, fournit un principe de plus, qui est *l'esprit inflammable*, qu'on ne trouve point dans le moût.

C'est donc la fermentation qui fait changer le moût en Vin ; mais cette même fermentation mal conduite & renouvellée à deux ou trois reprises, le change en vinaigre, ou le dispose à une prompte pourriture qui est la destruction du mixte. Il faut donc connoître cette opération de la nature, pour la diriger & l'arrêter à propos. Voyons auparavant ce que c'est que le moût.

Le moût est essentiellement composé de beaucoup d'eau qui tient en dissolution le mucilage du fruit de la Vigne, &

tous les principes dont ce mucilage est composé.

En général, le *mucilage* est une matiere grasse, douce au toucher, onctueuse ou visqueuse, & soluble dans l'eau ; c'est l'extrait des sucs végétaux & des principes que les plantes tirent de la terre qui les nourrit ; d'où l'on peut conclure que le mucilage est un mixte, composé d'une terre alcaline & soluble très subtile, des sels essentiels des plantes, & des particules de feu principe & d'air fixe unies à cette terre soluble par l'intermede de l'eau.

Toutes ces parties forment différents mêlanges, selon la diversité des proportions qu'elles ont entre elles ; d'où vient que le mucilage est huileux dans certains fruits, comme les olives ; terreux dans d'autres, comme les grains & autres plantes farineuses ; & aqueux dans d'autres, comme dans le fruit de la Vigne. Il prend sa dénomination du principe prédominant.

C'est dans ce mucilage que réside la partie nourrissante des plantes, soit parce qu'il est entiérement formé des molécules organiques, soit par son analogie avec les sucs gélatineux animaux. Il y a même des familles de plantes, comme les crucifères, qui donnent directement un corps gélatineux, qui approche plus des gelées animales que du mucilage.

C'est la seule substance *fermentescible*, & c'est par-là qu'elle se distingue principalement ; on la retire de tous les végétaux & de tous les animaux, par l'intermede de l'eau qui est son dissolvant par excellence.

Cette substance existe, comme nous l'avons dit, dans les végétaux & les fruits, sous le nom de *mucilage* ou de *gomme* ; elle y est unie avec une autre substance qu'on désigne sous le nom d'*extrait*, & avec les sels essentiels, qui d'eux-mêmes ne fermentent point, mais qui aident beaucoup à la fermentation, & qui changent pour ainsi dire la nature des corps mixtes qui passent par la fermentation.

Mr. l'Abbé Rozier, dans une sçavante Dissertation sur la meilleure méthode de faire les eaux-de-vie, couronnée par l'Académie de Limoges, distribue les corps muqueux végétaux en quatre classes.

1°. *Le muqueux fade ou insipide*, comme les gommes, qui placé dans la position la plus avantageuse à la fermentation, devient légérement acide, & pourrit bien-tôt après. Un Vin, où un pareil muqueux domine, est très sujet à pousfer, c'est-à-dire, à pourrir. Le premier mobile qui s'en éleve dans la distillation, est *l'alcali volatil* ; il ne donne pas d'esprit inflammable, faute d'une quantité suffisante d'acide pour atténuer l'huile.

2°. *Le corps muqueux acide* ou *aigre*, comme le suc de groseilles, de citron, &c. mis dans les mêmes circonstances, se soutient quelque temps dans cette acidité, & passe plus lentement que le corps fade à la putridité, parce qu'il contient plus de muqueux doux, qui est le réservoir d'où la nature tire *l'esprit ardent* qui est l'ame du corps vineux.

3°. *Le corps muqueux austere* ou *âpre*, produit du Vin lorsqu'il a subi la fermentation, parce qu'il contient plus de corps muqueux doux que les précédents ; mais ce Vin est verd, dur, austere, adstringent, sujet à tourner, sans passer par l'acide, &c.

4°. *Le corps muqueux doux*, est le seul qui soit vraiment susceptible de la fermentation spiritueuse ; le sucre qui est de cette classe par excellence, donne un esprit ardent, très actif & très pénétrant, & le suc des raisins ne paroît aux sens, qu'une substance sucrée, dissoute dans l'eau avec l'addition d'un acide tartareux.

Cette distinction des *différents corps mu-*

queux, est très ingénieuse & fort propre à donner une bonne théorie de l'art de faire le Vin. Mais je la croirois insuffisante, parce qu'on peut multiplier, autant qu'on le voudra, les diverses sortes de corps muqueux végétaux, par la distinction arbitraire des sensations différentes qu'ils impriment sur les organes du goût.

Pour moi je serois très-fort porté à n'admettre *qu'une seule espece de corps muqueux* qui est fade, aigre, âpre, sucré, amer, ou de tout autre goût, selon les diverses agrégations des mixtes & des éléments qui le composent, & selon l'instant ou point de maturité, dans lequel tel ou tel principe du *corps muqueux* domine l'un sur l'autre. (*)

(*) On peut conclure des observations précédentes, qu'il est très possible à l'art de corriger des Vins dans lesquels domine le muqueux acerbe ou acide, comme dans les Vins verds, par des mélanges de qualités opposées, & par ce moyen, de rendre potables des Vins de l'année, qui ne sont pas encore dans leur boire. On en a fait des expériences à Paris, que l'on a fort exaltées ; mais les particuliers en ont fait un secret. Nous traiterons fort au long, de tout ceci, dans l'Histoire Naturelle des Vins. Je me contente à présent de donner une recette employée par quelques Marchands, pour mûrir le Vin nouveau. Prenez pour un tonneau, une pinte de bon Vin blanc, trois quarterons de sucre en poudre, & pour environ trois liards de cannelle ; il faut mettre le sucre & la cannelle dans un nouet, qu'on fera infuser avec le Vin blanc, sur des cendres chaudes, pendant quarante-huit heures, dans un

Tous les corps muqueux traités chimiquement, fournissent à peu près les mêmes principes ; sçavoir, beaucoup d'eau, plus ou moins de matiere phosphorique, une huile empyremnatique, & un esprit acide assez fort, empreints l'un & l'autre d'une odeur particuliere que tout le monde connoît dans le sucre brûlé.

Je regarde le corps muqueux comme une espece de savon composé d'huile, d'acide & de terre alcaline ou soluble, en certaine proportion avec le feu principié & l'air fixe ; & si le *corps muqueux doux* est plus propre que les autres à la fermentation spiritueuse, c'est qu'il contient dans une plus juste proportion, les principes qui constituent le corps muqueux en général.

---

pot de terre neuf, vernissé, dont on lutera le couvercle avec de la pâte de seigle : on aura soin de ne pas faire bouillir l'infusion : après quarante huit heures, on jettera cette infusion dans le tonneau, en remuant avec un bâton à moitié Vin. Trois ou quatre jours après, on peut boire ce Vin : il faut que le Vin soit clair avant que d'y mêler l'infusion ; mais il est très indifférent qu'il soit soutiré ou non. On peut y jetter quelques gouttes d'huile essentielle de cannelle. En Languedoc on corrige l'extrême verdeur du Vin, & on le rend plus délicat, en mettant dans les tonneaux des amandes, des alises & d'autres fruits semblables, dont les principes huileux émoussent ou enveloppent les parties rigides & acides. *Mém. de l'Acad. Roy. année* 1750. D'autres y mettent du Vin muté, &c.

Lorsque le corps muqueux surabonde dans une liqueur, & qu'il occupe toutes les parties du liquide, il n'y a point de fermentation, parce que c'est la liquidité qui lui donne le premier branle; c'est pourquoi il faut quelquefois ajouter de l'eau pour étendre le *corps doux* dans la liqueur, lorsque les moûts sont trop épais, trop visqueux. Au contraire lorsque le *corps doux* est noyé dans une trop grande quantité d'eau, il devient plus apte à subir la fermentation; mais l'abondance de l'eau le rend insipide & sans goût, ou la petite quantité d'huile qu'il contient, laisse les sels à découvert, & en forme une liqueur acéteuse: la même cause qui accélére la fermentation vineuse, le fait aussi passer plus promptement à l'acéteuse ou à l'alcalescente, selon la nature du mixte; c'est donc à l'art, à sçavoir concentrer de pareils moûts, soit par le plus haut degré de maturité du fruit, soit en faisant évaporer une partie du phlegme par la cuisson, &c. (*)

___

(*) D'autres y ajoutent du sucre bien épuré, non-seulement parce que c'est une substance douce, extrêmement saine, mais encore parce qu'elle a une grande analogie avec tous les Vins, dont la matiere premiere, est une substance sucrée & tartareuse, puisqu'on peut les rapprocher à la consistance d'un sirop ou d'un sucre épaissi, & que les sucs acides & aigres du verjus, deviennent sucrés en

La fermentation ne donne rien de plus au corps muqueux doux, que ce qu'il avoit déjà; elle ne fait qu'atténuer & dégager ses principes. Les acides se développent par le choc de la fermentation, des parties terreuses auxquelles ils étoient originairement unis; (car personne n'ignore que les acides végétaux ne soient les mêmes que les acides minéraux dégagés de leur base terreuse;) ces acides atténuent l'huile du moût, au point de la rendre inflammable & volatile; d'où naît *l'esprit ardent* qui donne la qualité au Vin, & qui le constitue tel.

Je ne sçais pourquoi Junker, Cartheuser & Mr. l'Abbé Rozier nient l'existance de l'huile dans le Vin; cette huile existe egalement dans le moût, dans le Vin & dans les esprits ardents, où elle s'unit à l'eau par l'intermede des sels acides; elle ne differe que par les divers degrés d'atténuation qu'elle a reçus, qui la rendent de plus en plus inflammable. On peut même retirer cet esprit ardent du Vin *sans le distiller*,

---

mûrissant. L'addition du miel produira le même effet; mais il faut qu'il soit bien bouilli & écumé pour en enlever toute la cire. En général on n'étudie pas assez la nature des sucs doux & aigres des végétaux, leurs usages & la façon de les imiter par le moyen de l'Art. Nous approfondirons cette matiere dans l'ouvrage dont celui-ci n'est que le Prospectus.

distiller, en dépouillant le Vin de sa partie colorante, (opération facile & connue,) & en absorbant l'eau surabondante dans le Vin, par un corps tel que l'alkaly fixe de tartre, qui ait plus d'affinité avec elle qu'avec l'esprit ardent, ou l'huile atténuée qui le compose. (*)

Après ce long détail sur les principes constitutifs du moût, il sera plus aisé de concevoir ce que *c'est que la fermentation*.

C'est un mouvement intestin dans les parties intégrantes d'un corps qui étoient auparavant dans un état de repos, *par le moyen duquel mouvement il s'opere un changement* dans la substance du corps qui fermente, *en une nouvelle combinaison de ces mêmes parties*.

Il n'y a que les corps composés de parties hétérogenes ou dissemblables, qui puissent fermenter, comme lorsqu'il y a une certaine quantité de particules ignées, aériennes, aqueuses, salines, huileuses, grasses, terrestres, &c. Ensorte qu'il n'y

---

(*) On peut lire dans la vingt-unième feuille de l'avant-Coureur, le Procédé de Mr. Peyre, qui consiste d'abord à décolorer les Vins, en mettant en digestion dans du Vin rouge, du bol d'Arménie, & quelques feuilles de rue. Après quoi il met quatre onces de sel de tartre dans douze onces de Vin décoloré : en séparant au moyen du seyphon, la partie la plus spiritueuse qui surnage, il obtient un esprit de Vin alcalisé, qui soutient l'épreuve de la poudre.

V

a que les matieres animales & végétales qui foient fufceptibles de fermentation proprement dite, les premieres de *fermentation putride ou alcalefcente* ; les dernieres d'une autre efpece de fermentation dans laquelle on diftingue trois degrés, le premier, appellé *fermentation vineufe*, le deuxiéme, *fermentation acide* & le troifiéme, *fermentation putride* qui rentre dans celle des fubftances animales.

Ce mouvement inteftin, qui s'excite de lui-même dans les parties infenfibles d'un corps, & que nous avons appellé *fermentation*, eft vraifemblablement occafionné par la chaleur de l'atmofphere, qui cherchant à fe mettre en équilibre dans les corps fujets à la fermentation, y met en mouvement le feu principié, & fait reprendre à *l'air fixe* combiné avec tous les corps, fon élafticité naturelle.

Le combat des acides & des alcalys, entre auffi pour quelque chofe dans ces fortes de fermentations, comme nous le voyons par le mélange des diverfes diffolutions falines ; mais la premiere caufe phyfique ne peut être que l'æther & l'air principié, qui en fe détachant, reprend fon élafticité naturelle ; car les acides entrant dans les alcalys, les briferoient-t-ils en des millions de pieces, s'ils n'étoient poussés par une matiere invisible, agitée en tous sens d'un mouvement violent ? Aussi toutes les fermentations sont-elles accompagnées d'une chaleur réelle, & quelques-unes d'un bouillonnement suivi bien-tôt après de l'inflammation dans les matieres convenables, telle que celle qui s'excite par l'inflammation de l'acide nitreux & de quelques matieres huileuses. (*)

(*) Il y a cependant certaines fermentations avec effervescence, qui produisent quelquefois du froid en apparence, puisqu'elles font descendre le thermometre plongé dans la liqueur qui fermente. Cet effet du mêlange des acides avec les alkalis terreux, est connu depuis long-temps ; Boherraave en parle dans la régénération du nitre, *de causticis summis fit sal frigidissimus, blandus*, &c. On sçait que l'acide du vinaigre, versé sur les alkalis terreux non calcinés, produit des effervescences froides, comme on le peut voir dans le Dictionnaire Encyclopédique, au mot *effervescence*.

On auroit pû croire que cela n'avoit lieu que pour les acides végétaux, & non pour les minéraux; mais, selon Mr. Maquer, les acides végétaux sont les mêmes que les acides minéraux affoiblis. D'ailleurs, la fameuse effervescence froide, qui produit des vapeurs chaudes, & qui est rapportée par Muschenbroek & le Docteur Halles, est excitée par le mêlange de *l'acide vitriolique*, & du sel ammoniac.

J'ai donné tout le détail de cette belle expérience dans une Histoire manuscrite de la Philosophie corpusculaire, qui a été communiquée il y a deux ou trois ans, à plusieurs personnes.

Un Thermometre plongé dans la liqueur baisse, tandis qu'on voit s'élever un autre Thermometre qu'on expose aux vapeurs qui s'élevent lors de l'effervescence; d'où l'on peut inférer que ce froid est produit par l'absence des particules de feu élémentaire, qui s'élevent avec les vapeurs pendant l'effervescence, & qu'ainsi on ne doit pas attribuer la chaleur au mouvement intestin des parties

Comme les acides sont en plus grande quantité dans les végétaux que dans les animaux, de là vient la différence des fermentations entre ces substances.

Dans les animaux, la fermentation passe tout de suite au dernier degré, qui est la *putridité* & l'entiere décomposition, si l'on en excepte toutesfois, les matieres animales qui peuvent s'aigrir, comme le lait qui retient encore beaucoup de sa nature végétale : aussi Gmelin rapporte dans son voyage de Sibérie, que les Tartares sçavent tirer un esprit ardent du lait de jument, seul & sans addition d'aucune espèce de fermentation.

Dans les végétaux au contraire, où abondent l'acide & l'alkaly, ceux-ci se combinent pour former une espece de sel

---

mais au feu principié, réellement inhérent dans les matieres, & substantiellement combiné avec elles.

Il en est de même de deux Thermometres, dont l'un seroit plongé dans la cuve qui fermente, & l'autre soutenu à quelque hauteur ; ils monteront tous deux ; mais celui qui n'est exposé qu'aux vapeurs, s'élevera plus haut.

Ce sont ces vapeurs du Vin en fermentation, souvent mortelles à ceux qui ont l'imprudence de s'y exposer, parce qu'elles enlevent avec elles beaucoup d'acides volatiles, qui excitent sur l'odorat, une sensation à peu près semblable à celle de la vapeur du soufre qui est un acide minéral, extrêmement volatile. Or, les acides minéraux & les acides végétaux sont les mêmes, comme on le peut voir dans le *flora saturnisans*. Il n'est donc plus surprenant, qu'élevés les uns & les autres en vapeurs, ils soient également capables de suffoquer. La vapeur du charbon quoique produite par un corps végétal, produit le même effet.

neutre, une substance nouvelle, & la fermentation s'y fait à plusieurs reprises. On y remarque évidemment *trois degrés*, dont le premier produit l'esprit ardent, par l'atténuation de l'huile : le deuxiéme, laisse l'acide à découvert par l'entiere évaporation de l'esprit : & le dernier, tend à la putréfaction ou entiere décomposition du corps qui fermente.

Il est à observer que cette fermentation *graduée*, ne peut concerner que le suc des végétaux ou des fruits, car si l'on fait fermenter le fruit lui-même, alors chaque partie de suc est isolée & séparée d'une autre sa voisine, par le réseau du parenchyme ; elles ne peuvent se combiner, & le fruit pourrira plutôt que de fermenter : un amas considérable de fruits, pourrira de même; mais leur suc rassemblé hors des cellules du parenchyme, formera un *aggrégat* de substances propres à se combiner, & disposées à la fermentation vineuse.

On peut inférer de ce principe incontestable, conbien le séjour du fruit de la Vigne dans la cuve, pendant trois semaines ou un mois, est préjudiciable à la qualité des Vins, qui deviennent si sujets à pousser & à se pourrir pour avoir été si mal faits. Mais suivons le moût, dans ses changements.

La fermentation, ou plutôt le mouvement interne qui en est la cause, dégage les sels & les acides des huiles douces & sucrées qui les enveloppoient. Ces sels en se détachant, pénétrent, atténuent & raréfient par leurs pointes subtiles & tranchantes, les parties d'huiles grossieres, & les réduisent en esprits. Cet effort & celui de l'air fixe, qui dans la désunion des principes tend à reprendre son élasticité & à se remettre en équilibre avec celui de l'atmosphere, sont la cause de la forte ébullition qui arrive à la liqueur fermentante : celle-ci, de douce ou sucrée qu'elle étoit avant la fermentation, s'est changée en une liqueur légere, piquante, mais agréable & sans acidité, parce que cette premiere fermentation n'a pas assez duré pour dégager entiérement les sels des parties huileuses, mais suffisamment pour exalter les parties volatiles de l'huile éthérée, qui étoient embarrassées par le mucilage du fruit; & les parties terrestres & grossieres devenues plus pesantes par leur réunion sont entraînées par leur poids, au fond du vaisseau, sous la forme de *lie*.

Tel est le premier effet de la *fermentation tumultueuse* qui cesse incontinent après la combinaison du nouveau mixte qu'elle a formé par le mélange des divers principes dans cette admirable proportion ; d'où résulte la liqueur enchanteresse, que Pline & Paracelse nomment *le sang de la terre*, & *la vie de l'homme*, présent admirable que Dieu fit à l'homme pour le consoler dans sa misere, & pour aider à sa multiplication après la désolation du Déluge. (*)

Il faut suivre l'indication de la nature qui se repose après ce premier effet de la fermentation tumultueuse ; car s'il en survenoit une nouvelle, elle ne pourroit être que préjudiciable au Vin. Ce mixte admirable ne devant son exiſtance qu'à la premiere fermentation, une seconde doit nécessairement le détruire, ou du moins l'altérer en changeant la contexture de ses parties.

Ceux qui font le commerce de farine de minot pour les Iſles, laissent pendant dix à douze jours en tas, le son mêlé avec la farine, ce qu'ils appellent la *Rame* ; le son plus sujet à s'aigrir, excite une fermentation dans la rame ; on tâche

---

(*) *Omnia vaſtatis ergo cum cerneret arvis,*
Desolata Deus, nobis felicia Vini
Dona dedit, triſtes hominum quo munere fovis
Reliquias, mundi solatus vitæ ruinam.

que cette fermentation soit égale, en remuant le tas de temps à autre : ce mouvement intestin exalte l'huile, les sels & les parties volatiles de la farine, l'atténue & la détache du son, & forme pour ainsi dire, une nouvelle combinaison qui rend la farine bien supérieure à ce qu'elle eût été sans cela; elle est plus blanche, plus savoureuse; elle se conserve plus long-temps; (*) elle augmente en quantité, parce qu'étant par là plus atténuée, & ses principes plus exaltés, elle prend plus d'eau & d'air dans la façon du pain; elle égale presque, selon Mr. Maloüin, en produit & en bonté, *la mouture économique*, où l'on remoud cinq ou six fois, tandis qu'on ne moud qu'une seule fois la rame; mais il faut bien saisir l'instant de la fermentation, pour la bluter avant qu'elle ne fermente de nouveau. Une seconde fermentation la feroit pourrir, en détruisant le produit de la premiere: Il en est de même du Vin ; le mixte qui
s'est

―――――――――――――――――――

(*) Lorsque j'ai travaillé à ce discours, je n'avois point encore été chargé de la rédaction *du traité de la mouture économique*, qui s'imprime actuellement, par ordre du Gouvernement. On y trouvera des recherches nouvelles, sur les causes de la fermentation & de la conservation des farines; mais je raisonne ici, d'après les principes de Mr Maloüin, qu'on peut consulter dans l'Art de la Meünerie.

ŒNOLOGIE. 241

s'eſt formé par une premiere fermentation tumultueuſe, eſt néceſſairement altéré & changé par une ſeconde.

On voit par là ſi la méthode obſervée à Metz, de mettre en Vin le pied de la cuve, quinze jours ou trois ſemaines avant que de porter ſur le preſſoir, eſt bien fondée; il s'y fait diverſes ébullitions à pluſieurs repriſes, parce que les raiſins nouveaux qu'on y jette par intervalle & de jour à autre, la refroidiſſent; la vendange, qui a été foulée dans les premiers jours pour mettre la cuve à Vin, doit être tournée à l'aigre avant que le reſte ne ſoit prêt à fermenter; le Vin ne peut manquer de ſe reſſentir de cette acidité & d'être diſpoſé à la pourriture par un ſi long ſéjour ſur le fruit & la grappe: les deuxiéme & troiſiéme fermentations qui ſe font après le foulage & le preſſurage, ne ſervent qu'à affoiblir encore plus un pareil Vin prêt à tourner à la premiere cauſe, & qui ne peut ſouffrir le tranſport: on l'accuſe, avec raiſon, d'être corroſif, mais cette pernicieuſe qualité n'eſt due, comme on le voit, qu'à la mauvaiſe maniere de le faire.

Le Vin, par ſi longue réſidence ſur la rafle, devient ſûr & contracte *un acerbe* qui annonce la groſſiereté & la rudeſſe

X

des principes qui s'y sont dévelopés ; cet acerbe empêche même qu'il ne soit potable de long-temps, mais ne contribue en rien à sa conservation, puisque les Vins blancs & les Vins gris de Metz, qui ne se sentent pas de la rafle parce qu'ils ne résident pas avec elle, se conservent bien plus long-temps & bien plus aisément ; cette observation de Mr. le Payen, est sans réplique.

Les principes de la fermentation que nous venons de développer dans cet article, aident à faire comprendre la cause des mauvaises qualités des Vins rouges du Pays Messin ; quoiqu'ils soient épais & corsés en apparence, ils ne sont point vineux, parce qu'ils sont privés de cet esprit qui est la substance propre du Vin ; il s'est évaporé par la longueur du temps, que la fermentation a mis à s'achever en plein air. Par la même raison, ces Vins privés d'esprits ardents, sont froids, lourds & indigestes.

Quoique la fermentation ait recommencé à plusieurs reprises, néanmoins elle a toujours été imparfaite, parce que loin de l'aider, on la retarde en y jettant de jour à autre, de nouvelles vendanges, & en la laissant exposée aux variations continuelles de l'atmosphere. La fermentation étant insuffisante, ces Vins ont conservé leur huile grossiere, ce qui les rend gros & lourds, sans saveur, sujets à graisser ou à *trancher*, c'est-à-dire, à noircir par la trop grande abondance des parties colorantes, & leur désunion d'avec la liqueur.

D'ailleurs, comme Mr. Maupin l'observe encore, la cuve n'étant point couverte, d'un côté les parties essentielles du Vin, l'air surabondant, le feu & les esprits s'en échappent continuellement; & de l'autre, l'air ambiant ou externe, frappant & pénétrant la liqueur, la refroidit & ralentit la fermentation toujours si nécessaire, & quelquefois si difficile, singuliérement dans les années tardives & les Pays froids.

Les mêmes principes qui ont mis au grand jour les défauts & les inconvéniens de la méthode de faire le Vin dans le Pays Messin, servent à faire comprendre la maniere dont on devroit s'y prendre pour faire d'excellents Vins.

1°. Comme dans les vignobles des climats froids, le Soleil n'a pas assez de force pour exalter les huiles & les soufres, de même que dans des Pays chauds, il s'ensuit que le moût est ordinairement trop aqueux; le *corps muqueux doux* est presque toujours noyé dans une trop grande quantité d'eau ; il faut donc commencer par employer l'art à rapprocher le moût de la qualité de celui qui doit donner le meilleur Vin, soit en ne cueillant les raisins que lorsqu'ils sont à leur point de perfection, en effeuillant la Vigne à propos pour hâter la maturité du raisin, en le délivrant de l'ombrage de verdure qui couronne le cep, en faisant la vendange à plusieurs reprises pour ne mettre dans les premieres cuvées que les raisins dont la maturité aura exalté tous les principes & fait évaporer le phlegme surabondant, en ne laissant dans les premieres cuvées aucun raisin verd ou pourri, en enlevant par la cuisson, l'eau surabondante d'un moût fade & insipide, en y mêlant du moût concentré en consistance de *rob*, en versant du Vin cuit & encore bouillant dans la cuve, en y ajoutant un corps muqueux doux, tel que le miel ou des raisins secs, comme on fait en Hongrie pour faire le fameux Vin de Tokaie, &c. &c.

2°. Comme c'est la fermentation seule qui fait le Vin, & qui lui fournit l'esprit inflammable, ou le phlogistique des Chimistes, en détachant le feu élémentaire principié & uni au fruit de la Vigne pour le combiner avec d'autres corps, comme l'huile, &c. il s'enfuit qu'il faut hâter cette fermentation le plus promptement qu'il eft poffible, & qu'elle doit être *fimultanée* dans toutes les parties du moût pour ne pas laiffer le temps à un principe fi volatile de s'échapper; pour cela il faut fe hâter de défunir les principes qui doivent fe combiner de nouveau, & de les faire fermenter en grande maffe : il faut que le foulage ne laiffe pas un feul grain de raifin qui ne foit écrafé, afin que toutes les parties du moût puiffent fermenter enfemble & à la fois, & non pas à plufieurs reprifes ; plus la fermentation fera fougueufe & preffée, & plus les principes du nouveau mixte feront intimement unis : en conféquence il faut donner tout de fuite une chaleur de quinze à dix-huit degrés, qui eft l'état de l'atmofphere dans cette faifon ; il faut ajouter un levain qui aiguife le diffolvant, en même-temps que par la chaleur il devient plus liquide, & par-là plus mobile & plus actif : il faut débarraffer le moût du fruit & de la rafle pour qu'il fermente feul, & que le Vin n'en puiffe contracter une difpofition à la pourriture ; il faut que la fermentation fe faffe à couvert, parce que moins il fe sera évaporé de principes volatils, & plus le Vin sera généreux, &c. &c. Tout ceci mériteroit un ouvrage entier; je me contente pour le présent, de renvoyer au petit Essai sur l'art de faire le Vin, par Mr. Maupin, qui est dans les vrais principes, mais qui ne fait qu'effleurer sa matiere, quoique personne ne fût plus capable de l'approfondir.

Cet Auteur donne deux méthodes de faire le Vin. Par la premiere, à mesure que la vendange arrive au cellier, on l'égrappe très-grossierement dans des cribles faits de gros brins d'osier, & arrêtés sur une futaille; car si on mettoit toute la grappe, l'excès de la fermentation en feroit un Vin grossier & dur; quand la futaille sur laquelle on égrappe, est pleine, on jette la vendange dans la cuve; & lorsque la cuve est remplie à quatre ou cinq pouces près, on la couvre avec un couvercle de bois pour empêcher la communication de l'air extérieur & la sortie de l'air interne; mais il vaut mieux laisser neuf à dix pouces de vuide, afin que le moût soulevé par la fermentation, ne s'échappe point par les bords de la cuve, lorsqu'on la découvrira pour la fouler.

Dès que la cuve sera assez échauffée

pour pouvoir y entrer, on la fera fouler par plusieurs hommes, de maniere qu'il ne reste pas un grain entier, afin que le moût de chaque grain ne fasse point masse à part, & que les principes de ces sucs soient suffisamment désunis & raréfiés pour travailler tous ensemble; il faut cependant hâter le plus qu'on peut cette opération du foulage, afin que la vendange foulée, perde moins de son air & de ses esprits.

A la suite du foulage, si le temps est froid ou la vendange peu mûre, on peut, pour échauffer la cuve, y jetter cinq ou six fortes chaudronnées de raisins toutes bouillantes. Aussi-tôt que le foulage est achevé, on couvre la cuve avec un fond de dessus, posé sur des tasseaux forts & bien solides, au milieu duquel couvercle on a pratiqué une ouverture ou trappe qui s'ouvre à volonté pour y jetter les chaudronnées bouillantes.

Par ce moyen, la fermentation est aussi prompte & aussi forte qu'il le faut, afin que le Vin puisse se charger du mucilage nécessaire pour lier ses principes.

Quand le Vin sera fait & ferme au point où on le désire, on le tirera par la cannelle, ou si l'on veut, on le laissera dans la cuve jusqu'à ce qu'il soit froid;

ce qui vaut encore mieux, parce qu'alors on évite qu'il ne se décharge de son air surabondant. On peut être assuré que le Vin ne tardera pas à se réfroidir de lui-même, parce que la nature fait une pause quand elle a fini son premier travail, & ne passe point sans interruption de la premiere à la deuxiéme fermentation.

Pour accélerer le réfroidissement du Vin, on peut en tirer par la cannelle une douzaine de seaux; & quand ils seront froids, on les versera dans la cuve par la trappe: lorsque le Vin sera froid, on le tirera dans des tonneaux, cuves ou foudres, selon l'usage des lieux; plus les vaisseaux seront grands, & mieux le Vin se conservera.

Aussi-tôt cette opération faite, on portera le marc au pressoir, & l'on mettra à part celui des dernieres tailles; & quand le Vin sera entonné, on le mettra dans un lieu frais; on emplira les tonneaux jusqu'à l'ouverture, & on les bouchera avec des feuilles de Vignes couvertes de tuileaux; on le remplira deux fois par jour, pendant sept à huit jours, au bout desquels on bondonnera les tonneaux à demeure; on le remplira ensuite tous les huit jours, jusqu'à la St. Martin; on le tirera de dessus sa lie au mois de

Décembre, & pour la deuxiéme fois, au mois de Mars, &c.

L'autre méthode de Mr. Maupin, consiste à mettre la vendange dans la cuve, sans l'écraser ni l'égrapper; & pour cet effet, moins on mettra de temps à emplir la cuve, & mieux vaudra; si elle étoit faite en un ou deux jours, le Vin en seroit plus parfait. La cuvée achevée, on tirera le moût, & on portera la vendange au pressoir le plutôt possible. Une heure avant, on fait écraser la vendange avec des pilettes ou maillets, par trois ou quatre hommes qui la presseront fortement avec les mains. L'objet de ce foulage & de cette pression, est de détacher de l'écorce des raisins les particules colorantes, pour en former la couleur du Vin. A l'aide de cette opération bien exécutée & du pressurage, on peut être assuré, (à moins que le blanc ne domine trop,) d'avoir un Vin suffisamment coloré, & d'un rouge, qui, vû la grande fermentation, se soutiendra mieux que dans l'usage ordinaire.

Immédiatement après cette opération & le tirage, on porte, sans différer, le Vin au pressoir; ensuite on verse le plus diligemment que l'on peut, le Vin du tirage & celui du pressurage, dans une cuve revêtue de quatre cercles de fer. Le

Vin mis dans la cuve, on fermera la trappe du fond du dessus, sans l'ouvrir tant que la fermentation durera. On aura soin de laisser neuf à dix pouces de vuide entre le moût & le fond du dessus, afin que le moût puisse se développer & s'étendre : dès que le Vin sera froid, on l'entonnera, &c.

De ces deux méthodes, la derniere seroit certainement préférable à la premiere, comme plus prompte & plus conforme aux vrais principes de la fermentation, parce que le moût fermente & se développe tout en même-temps ; mais la premiere seroit plutôt adoptée dans le Pays Messin, où l'on veut des Vins couverts & chargés en couleur, sans quoi ils ne seroient pas de débit dans la Lorraine Allemande : or, dans la premiere méthode, les Vins, quoique surchargés d'une très grande quantité de particules colorantes, seront encore plus délicats, plus légers & plus coulants qu'ils ne le sont dans aucune des méthodes ordinaires. (*)

L'examen des diverses méthodes de

(*) Lorsque cet ouvrage a été imprimé, je n'avois point encore connoissance du nouvel ouvrage de Mr. Maupin, dans lequel il apporte du changement à ses méthodes ; mais cela regarde plutôt les Vins inférieurs que les Vins fins. V. le Supplément.

façonner les Vins demande un ouvrage complet, que je m'engage à faire paroître si cet Essai est goûté du public. J'y joindrai plusieurs procédés chimiques qui pourront répandre beaucoup de lumieres sur la manipulation des Vins.

ARTICLE TROIS.

De la conservation & du gouvernement des Vins.

Il y a de deux sortes de fermentations, la *tumultueuse*, dont nous avons parlé dans l'Article précédent ; & la *fermentation insensible*, dont nous allons traiter dans celui-ci.

La fermentation fougueuse ne peut être trop précipitée ni trop forte, parce que c'est elle qui sert à la formation du mixte. Il faut seulement faire ensorte qu'elle ne soit point répétée ni faite à plusieurs reprises, parce qu'alors elle tend directement à la décomposition entiere du mixte. La fermentation insensible tend au contraire sourdement & par degré, à l'évaporation successive des principes du Vin, en commençant par celle de cet *esprit conservateur* qui est le plus volatile, & de la conservation duquel dépend celle du Vin.

En effet si l'on n'arrêtoit pas la fermentation à ce point de perfection qui constitue le Vin, en transportant les liqueurs dans un lieu plus frais, & en les garantissant des impressions de l'air extérieur, alors elles deviendroient aigres & acides par la dissipation de l'esprit ou de l'huile inflammable, & par l'entier développement des sels; de là elles passeroient à la pourriture par la précipitation des sels, du mucilage & des terres solubles, & par leur séparation d'avec l'eau qui les tenoit en dissolution.

C'est cette différence des degrés de la fermentation, qui fait que les liqueurs donnent des produits si divers, relativement au degré de fermentation qu'elles ont éprouvées; le Vin donne par la distillation des esprits ardents, tels que l'eau-de-vie, l'esprit de Vin, l'æther, &c. lesquels sont tous inflammables, parce que les acides y sont encore enveloppés des parties tenues & exaltées de l'huile volatile & végétale. Dans le vinaigre au contraire, on n'obtient par la distillation, qu'une liqueur acide qu'on nomme *vinaigre distillé*, parce que dans le vinaigre, les parties acides y sont entierement dégagées des parties huileuses. Cette liqueur acide étant concentrée, possède toutes les propriétés des acides minéraux qui font, comme nous l'avons déja obfervé, les mêmes que les acides végétaux.

On peut comparer la fermentation tumultueufe avec l'infenfible, à l'eau qui bout, au regard de l'eau froide : l'eau bouillante fait voir en grand, le mouvement qu'a chaque particule d'eau froide, & qui paroît en repos ; car tous les liquides qui femblent en repos, éprouvent une ébullition paifible, fans laquelle il n'y auroit ni fermentation, ni diffolution : par exemple, le fucre ne fe diffoudroit pas dans l'eau, fi elle étoit en repos comme quand elle eft glacée. C'eft donc cette feconde fermentation infenfible, qu'il faut empêcher le plus qu'on peut, fi l'on veut conferver le Vin & les liqueurs ; d'où il fuit qu'il faut les garantir des impreffions de l'air, de la chaleur, des variations de l'atmofphere, des odeurs fortes, & de tout ce qui peut leur donner un mouvement inteftin toujours préjudiciable aux liqueurs, dont les principes qui les conftituent telles, font développés.

Les principes du Vin, font au nombre de fix ; l'*eau*, le *fel*, l'*huile*, la *terre*, l'*air* & le *feu*, ou l'*efprit fulfureux*. Les cinq premiers font communs au moût & au Vin ; le dernier feul, eft le produit de la fermentation, ou pour mieux dire, il exiſtoit dans le moût même, mais c'eſt la fermentation qui l'a dégagé des principes groſſiers & du mucilage épais qui l'enveloppoient.

L'élément de l'eau, eſt le medium ou menſtrue qui ſert à unîr les autres principes du Vin. En effet, le Vin étant totalement décompoſé par la fermentation putride, tout ce qui eſt étranger à l'eau, ſe précipite ſucceſſivement, juſqu'à ce que cette eau qui eſt en aſſez grande quantité dans le Vin, dont elle fait preſque trois parties du volume total, ſoit devenue claire & inſipide.

Mr. le Docteur Barberet, ſi ſouvent couronné dans les diverſes Académies de l'Europe, obſerve judicieuſement, dans ſa ſavante Diſſertation *ſur les cauſes qui font pouſſer le Vin*, que plus ce principe du phlegme domine dans la liqueur, & plus elle eſt ſujette à pouſſer & à ſe gâter c'eſt ce qui fait, dit cet habile homme, que les Vins méridionaux ſe conſervent long-temps, quoiqu'expoſés à l'air libre dans des endroits ou quelques jours ſuffiroient pour faire pouſſer les meilleurs Vins, parce qu'ils ſont plus déphlegmés que les Vins des climats froids.

Le plus ou le moins de vehicule aqueux,

influe donc beaucoup sur la qualité & la conservation des Vins, comme on le remarque dans les années pluvieuses, dans les vignobles des plaines & des lieux bas où l'eau séjourne : dans ces cas, on feroit donc bien de concentrer ces Vins aqueux, en faisant bouillir une partie du moût avant la fermentation; cette méthode qui est en usage dans les Pays Méridionaux, où les Vins sont déja trop déphlegmés par la chaleur, conviendroit bien mieux aux climats plus froids, comme le Pays Messin.

C'est le véhicule aqueux, qui avant d'être absorbé par les racines de la plante, a dissout dans la terre les sels, & par leur moyen, les huiles & les sucs muqueux, avec lesquels ce fluide aqueux, mieux connu sous le nom de *seve*, est monté en forme de vapeurs dans la plante, & de là dans la pulpe du fruit : il y a donc des sels dans le moût & dans le Vin, & c'est le second principe de ces liqueurs, que nous allons examiner.

Si nous en croyons les plus fameux Chymistes, une partie d'eau qui se joint intimément à une partie de terre, forme un nouveau composé qu'on nomme substance saline, qui est de plusieurs sortes, selon la différence des combinaisons de ce mélange, & la diversité de forme des molécules terrestres qui y entrent. C'est cette origine qui fait que toute substance saline, a beaucoup d'affinité avec la terre & avec l'eau, & qu'elle tient des propriétés de ces deux substances, quoiqu'en moindre degré, puisque les sels sont en général, moins volatils que l'eau, & moins fixes que la terre; mais ils sont solubles, & la chaleur peut les raréfier & les élever en vapeurs. Sthal croit que le sel essentiel du fruit de la Vigne, n'est qu'une combinaison d'eau & de terre, qui s'est formée dans le raisin même, par une espèce de fermentation insensible. D'après cette explication de l'origine des sels, il n'est plus difficile de concevoir pourquoi les liqueurs peuvent tenir les sels en dissolution, &c. Mais quoiqu'il en soit de l'origine des sels, on n'en peut nier l'existence dans le moût, le Vin, le Vinaigre, l'Eau-de-vie, &c.

On peut même les faire voir à l'œil armé du Microscope, qui nous fait voir que le vinaigre doit son acrimonie à une multitude de sels oblongs, quadrangulaires, & terminés par deux pointes extrêmement fines qui flottent dans la liqueur : & si l'on infuse des yeux d'écrevisse dans le vinaigre, il se fait un effervescence qui quand elle est finie, se trouve avoir changé totalement

talement la figure des sels dont les pointes aigues ont été rompues par le mêlange & l'effervescence.

Quant aux sels des Vins, ils prennent différentes figures dans les Vins de différentes especes ; ceux-là même qui sont acides, & qui approchent plus du vinaigre, ont leurs pointes plus émoussées ; quelques-uns ont la figure d'un batteau ; d'autres ressemblent à un fuseau ; d'autres, à une navette de Tisserand ; d'autres sont quarrés ; enfin, ils offrent au Microscope, une grande variété de différentes formes, comme on peut le voir dans l'Encyclopédie, au mot *Vinaigre*.

On peut donc regarder la substance saline, comme un des des principes constituans du Vin qui la tient en dissolution : si la différence des sels forme celle des Vins, & que les sels ne soient eux-mêmes qu'une combinaison de terre & d'eau, ne soyons donc plus surpris de la prodigieuse variété des Vins, eu égard à celle des terroirs & des différents grains de terre des vignobles, ce qui a fait dire à Pline, *tot Vina quot agri*.

On est fondé à croire que cette substance saline, est acide dans son origine, parce que les raisins qui ne sont pas mûrs, ont une saveur acide austere, qui s'efface lorsque l'acide s'enveloppe aux approches de la maturité, dans les sucs gras ou dans la terre muqueuse & alcaline du fruit.

La terre elle-même est aussi l'un des principes constituants du Vin. Tous les Vins contiennent en effet, une certaine quantité de terre, qui se combine avec leur acide dont elle modére l'activité pour former des sels neutres.

Personne n'ignore qu'il y a des terres calcaires & marneuses, entiérement solubles dans l'eau : on sçait que le Sçavant Hoffman est parvenu à démontrer la terre dans les eaux les plus pures, sans qu'il soit besoin pour cela, d'avoir recours au Microscope; & on peut voir dans Henckel, l'expérience par laquelle on retire d'une eau distillée, une matiere terreuse, seche & pulvérulente.

Les terres métalliques entrent même dans la composition des végétaux, & c'est vraisemblablement à leur existence dans le raisin, qu'est dû la belle couleur du Vin. Becher dit dans sa Métallurgie, qu'il a bû du Vin rouge fait avec des raisins qui avoient des grains d'or en place de pepins. On sçait l'analogie du fer avec le regne végétal; on en démontre l'existence dans les cendres de tous les végétaux, avec la pierre d'aiman & le miroir ardent : on a retiré de l'étain, des cendres du genêt ; l'abſinte a fourni du plomb ; d'autres plantes, du mercure : l'odorat & le goût n'annoncent-ils pas l'alliance qui eſt entre le regne minéral & le regne végétal ? Le principe adſtringent de certaines plantes, n'y decéle-t-il pas l'acide du vitriol, &c. ?

La terre forme donc encore un des principes conſtituants du Vin, comme elle faiſoit une des parties conſtituantes du moût. C'eſt la fermentation tumultueuſe qui a précipité les parties terreuſes les plus groſſieres avec une portion de ſon tartre liquéfié. C'eſt ce marc terreux, gras & ſalin, qu'on nomme *lie*, dont on tire les cendres gravelées, ſi utiles aux Teinturiers pour les leſſives, &c.

C'eſt parce que la terre entre dans le Vin comme partie conſtituante, que pluſieurs Vins ont un fort goût de terroir ; que les fumiers répandus dans les Vignes, altérent la qualité des Vins ; qu'un bon Vin de Moſelle, doit avoir un goût d'ardoiſe, parce qu'on y engraiſſe les Vignes avec une terre ardoiſiere qu'on a laiſſé fuſer à l'air. Les vignobles de Kocheim, où il y a des mines de charbons foſſiles, donnent au Vin un terroir qui approche du ſuccin, par le goût & par l'odeur. Le Vin Grec qui vient dans les cendres & les soufres vomis par le Vesuve, a le goût, l'odeur & la couleur du terrein qui le produit, &c.

Si les terres solubles dans l'eau, contiennent des sels, l'eau ou la seve se les approprie, & s'unit encore à eux plus intimement.

Ces sels étant dissous dans l'eau, rendent cette derniere capable de dissoudre les sucs gras & huileux qui se trouvent dans la terre végétale, & de les élever avec elle dans les plantes & le fruit. Aussi l'huile est-elle le troisiéme principe que nous trouvons dans le moût & dans le Vin : ce sont ces sucs gras, qui n'étant point encore exaltés par la fermentation, enveloppent dans leurs parties branchues, les pointes des sels, & c'est ce qui fait la douceur du moût.

C'est la surabondance de ce principe, qui rend les Vins méridionaux, gras, sirupeux, épais, liquoreux, lourds, &c.

On voit par les exemples du savon & des résines artificielles, que le mêlange des huiles avec les sels, approche de la consistance solide ; & l'on comprendra aisément par-là, la formation de la substance muqueuse des végétaux & des sucs mielleux & sucrés de la pulpe des fruits.

Des six principes du Vin que nous avons nommés, il ne reste plus que *l'air & le feu principiés*; leur existence y est aussi démontrée que celle des autres principes dont nous venons de parler. Quoique l'on ne puisse pas retirer de l'esprit inflammable du moût qui n'a pas fermenté, le principe sulfureux n'en existoit pas moins dans l'huile grossiere du moût; ce n'est que par la fermentation que ce principe a pû être atténué au point de devenir inflammable; c'est ce nouveau principe qu'on nomme *eau-de-vie & esprit de Vin*, quand elle est bien déphlegmée. C'est une nouvelle combinaison des acides atténués avec le phlogistique ou les parties huileuses du moût, car il n'y avoit que l'huile dans le moût, qui pût devenir inflammable.

Le souffre ne se forme pas autrement dans le sein de la terre; c'est, selon Mr. Rouelle, une production secondaire de la nature, qui n'est autre chose qu'un acide vitriolique, volatilisé par le feu des volcans, & combiné avec le phlogistique huileux, ou des bitumes. &c. De même dans le Vin, l'acide végétal qui doit son origine à l'acide minéral, se trouvant combiné avec les parties grasses & mucilagineuses des plantes, forme le *soufre végétal*, dont nous aurons occasion de parler ailleurs : les mêmes principes, c'est-à-dire, l'acide & le phlogistique huileux, délayés dans la lymphe & le suc des fruits, forment par la fermentation, les liqueurs vineuses, & par la concentration les eaux-de-vie & les esprits ardents.

C'est à l'huile qui entre dans sa combinaison, que l'esprit sulfureux du Vin doit son inflammabilité, & l'acide qui en fait partie donne à cette huile la propriété d'être miscible avec l'eau, ce qu'elle ne pourroit faire sans le concours de ces sels.

C'est vraisemblablement à ces esprits sulfureux & volatils, qui peuvent s'élever en vapeurs sulfureuses & expansibles, que les liqueurs spiritueuses & fermentées, doivent leurs qualités enyvrantes, en fixant ou en causant des mouvements irréguliers aux esprits animaux. &c.

Quant à l'air, si nous en croyons les belles expériences du célèbre Docteur Hales, l'air fixe & surabondant est aussi un des principes du Vin, autant nécessaire pour lui donner de la force & de la vigueur, que les esprits ardents. Douze pouces cubiques de raisins secs, produisent quatre cents onze pouces d'air : d'un pouce cubique de tartre de Vin du Rhin, il en est sorti cinq cent quatre pouces cubiques d'air, qui faisoient le tiers du poids total. Tout le monde sçait que le Vin *éventé* est très mauvais, parce que l'air qui étoit fixé dans cette liqueur, s'en est évaporé : de très bon Vin mis sous la machine pneumatique, devient mauvais lorsqu'on en a pompé l'air fixe & surabondant.

Mr. Barberet attribue à cet air surabondant, la saveur vive & piquante du Vin, comme le goût acidule de plusieurs eaux minérales ; mais les parties souples & pliantes de l'air, paroissent peu propres à exciter une sensation sur l'organe, & il est à croire que dans ces cas, l'air n'agit que *médiatement*, en aidant les sels dissouts dans la liqueur à faire une sensation très vive, par la communication de son ressort, lorsqu'il vient à se développer des liquides où il étoit combiné.

La diversité de ces principes qui entrent dans la composition du plus beau mixte de la nature, (*) & la volatilité de quelques-uns d'eux, servent à faire comprendre pourquoi le Vin une fois formé par la nouvelle combinaison de ces principes,

---

(*) En effet l'incompatibilité apparente des principes qui constituent le Vin, leur union intime qui sert à former

dans la fermentation tumultueuse, tend continuellement à se détruire par une fermentation insensible, ou par une agitation violente & intestine, ou par l'impression de l'air extérieur, ou par les variations continuelles de l'atmosphere.

En effet, la chaleur est une des principales causes qui fait pousser ou tourner le Vin, en occasionnant un mouvement intestin, en rendant l'élasticité à l'air fixe, en volatilisant trop l'esprit sulfureux & ces huiles ténues qui laissent les sels à découvert, en rendant le phlegme capable de tenir en dissolution une plus grande partie de substance saline & tartareuse, &c. C'est par ces mêmes raisons que le tonnerre fait tourner les Vins lorsque les caves sont peu profondes, parce que les parties ignées qui s'insinuent dans les tonneaux, excitent un mouvement dans le Vin. Les variations successives de la température atmosphœrique, produisent le même effet sur le Vin qui y est exposé.

D'un

---

une liqueur pure & brillante à l'œil comme le cristal, d'une odeur suave & agréable dont le parfum est désigné sous le nom de *bouquet*, d'une saveur douce & en même-temps vive & stimulante, &c. tiennent en quelque sorte du prodige, *sunt & in Vino prodigia*; mais ses effets pour la nourriture & la guerison de l'homme, sont encore plus surprenants, comme nous le verrons dans l'Histoire Naturelle de la Vigne & des Vins.

ŒNOLOGIE.

D'un autre côté, la fermentation insensible qui se continue dans les tonneaux, exalte de plus en plus les acides qui épuisent ou emploient tous les esprits; l'air surabondant se dégage, *alors le Vin pousse ou tourne à l'aigre.*

Le signe qui indique cette altération, est lorsqu'un tonneau très-bien bouché & plein, perd du Vin par les moindres ouvertures; par exemple, par un petit trou de vrille, fait dans sa partie inférieure; car sans cet air élastique qui s'est développé dans la liqueur, & qui la pousse, on voit bien que l'air atmosphérique seroit plus que suffisant pour soutenir le Vin dans le tonneau. (*)

Dans cet état de Vin poussé, ou il faut se hâter de le distiller, ou il faut le rétablir en y mettant du moût si l'on est dans la saison, ou d'autre Vin dont on aura conservé la douceur en empêchant la

---

(*) Un autre signe, est lorsque le Vin commence à se troubler; la transparence des Vins en assure la durée; étant trop épais, ils moisissent facilement, surtout les Vins nouveaux qu'on ne soutire pas assez-tôt au Printemps, de la lie qui s'en est séparée pendant l'Hiver: cependant si les Vins n'étoient pas assez forts, ils dégénéreroient en les soutirant trop tôt, parce que la lie qui a les mêmes principes que le Vin, est un sédiment ménagé par la nature, pour que cette liqueur en y puisant, répare les pertes qu'elle fait par l'évaporation tandis qu'elle fermente encore.

fermentation, ou du moût que l'on a conservé en le réduisant par l'ébullition jusqu'à consistance de rob. Le moût travaillé par la fermentation que ce mélange excite dans le Vin, y développe de nouveau l'esprit conservateur, dont l'absence faisoit pousser le Vin.

Un autre moyen d'éloigner la poussée ou la tournée des Vins, c'est d'ôter l'élasticité à l'air surabondant dans ces liqueurs, ce qui suspend aussi la fermentation insensible ; car cet air, par sa mobilité ou sa facilité à être condensé ou raréfié selon les degrés de chaleur de l'atmosphere, y contribue plus que l'on ne pense. La vapeur du soufre enflammé, qui détruit l'élasticité de l'air surabondant, est très propre à produire ce bon effet, sans qu'il soit à craindre qu'elle décolore les Vins rouges comme le prétend Mr. Barberet ; & l'on réitère cette opération, lorsque cette vapeur s'étant combinée & exaltée, le Vin reprend trop de piquant.

L'évaporation de l'esprit & celle de l'air surabondant entraînent donc la décomposition du Vin, & on ne peut le conserver qu'en le laissant en repos dans des lieux frais, enfermé dans des vaisseaux bien bouchés & remplis aussi souvent qu'ils en ont besoin, en tirant à propos les Vins de deſſus leur lie par un temps pur & bien ſerain, afin qu'un air chargé de vapeurs humides, ne trouble point la liqueur ; & enfin, en les renfermant dans des vaſes de verre ou d'une terre cuite & vitrifiée, que l'on puiſſe boucher hermétiquement, & ſerrer dans des caves fraiches & voûtées.

On doit ſuivre en tout la méthode des Champenois pour la conſervation des Vins ; ils ont plus perfectionné cette partie, qu'aucun autre peuple, & c'eſt par ces ſoins qu'ils ont donné plus de réputation à leurs Vins, que leur climat ne ſembloit leur en promettre, ce qui doit ſervir à relever l'eſpérance des Habitans du Pays Meſſin.

C'eſt ſurtout dans la maniere de coller, de ſoutirer & de tranſvaſer les Vins auſſi ſouvent qu'ils en ont beſoin, & dans l'art de leur procurer l'agrément de la mouſſe, en les mettant en bouteilles à propos, lorſque la ſeve du Printemps eſt dans ſa plus grande vigueur, que les Champenois excellent. On peut conſulter Mr. Bidet là-deſſus ; tout ce qu'il dit à cette occaſion eſt excellent, à l'exception de quelques pratiques un peu minutieuſes ; mais il vaut mieux pécher par cet excès, que par trop de négligence, lorſqu'il s'agit de la conservation des Vins. On est bien payé de tous ces soins, par le prix qu'ils acquiérent avec l'âge, & par la préférence que leur donne l'étranger.

On doit plaindre sincérement la Bourgogne, d'ignorer le secret de la conservation des Vins; ceux de Beaune, de Pommard & de Vollenay, qui sont sans contredit, les premiers vignobles du Royaume, ne peuvent gueres se conserver en futailles, plus d'une année; ce qui vient encore plus de l'ignorance des Habitans qui se croyent néanmoins fort industrieux, que de la qualité du Vin. Les Vins de ces cantons & des vignobles de Beaune, sont à la vérité fort tendres; mais on pourroit les conserver beaucoup plus long-temps, & leur donner plus de corps, en étudiant les principes de la fermentation, & l'art de gouverner les Vins, comme j'espere le faire voir dans un autre ouvrage sur cette matiere.

Par la même raison, je ne dirai rien de la conversion des Vins en Eau-de-vie, en Liqueur ou en Vinaigre, ni des produits du Vin, comme le tartre, &c. Je ne parlerai pas non plus des Commissionnaires, ni du commerce des Vins, matiere sur laquelle nous sommes si peu éclairés, que nous imposons sur cette denrée, des taxes, des droits de traites, &c. pour en empêcher en quelque forte le débit & la fortie, au lieu d'en encourager la culture & l'exportation par des primes & des recompenfes ; nous arrêtons par une politique mal entendue, l'exportation de la plus précieufe de toutes les mines que le fol de la France porte fur fa fuperficie, & nous facrifions notre bien être à l'habitude & à l'avantage des Fermiers, en tariffant la principale fource de nos richeffes par l'impofition des Droits d'Aides & de Traites-Foraines ; c'eft à peu près comme fi les Hollandois défendoient la fortie & le commerce extérieur de leurs épiceries. L'art de bien affeoir les impôts, eft le feul moyen de rendre la culture floriffante, & d'en faire fupporter les frais & les avances aux étrangers. La France ne produifant point de métaux riches, (*) ne peut en amaffer qu'en convertiffant le produit de fes terres, contre l'or & les marchandifes qui croiffent dans les autres Pays. Peut-être qu'à force de répéter cette vérité dans

---

(*) Quand je dis que la France ne produit point de métaux riches, c'eft qu'on n'y a pas l'art de les exploiter. Cette vérité fera démontrée jufqu'à l'évidence, dans des effais économiques fur la Bourgogne, prêts à paroître, & dans lefquels on trouvera la defcription topographique de cette Province, rélativement à fes productions.

tous les écrits, elle parviendra aux oreilles de ceux qui ont intérêt de la connoître.

SUPPLÉMENT

à l'Article second du dernier Chapitre.

Analife de l'art de faire le Vin, par Mr. Maupin.

Depuis l'impreffion de l'Œnologie, j'ai eu communication du Livre de Mr. Maupin, qui vient de paroître fous ce titre : *Expériences fur la bonification de tous les Vins*, &c. J'ai cru faire plaifir au Public, d'en raffembler en peu de mots les principes, pour en faire voir la conformité avec ceux développés dans mon ouvrage. Ce rapport frappant de deux Auteurs qui ne fe font point communiqué leur travail, doit difpofer à fubftituer leur méthode à la routine & aux procédés vagues & incertains, admis dans chaque vignoble.

L'art de faire le Vin, eft prefque inconnu parmi nous, cependant le Vin eft le plus grand, & souvent le seul bien des Citoyens; c'est la branche la plus étendue & la plus fructueuse de notre commerce avec l'étranger, c'est une des principales sources des revenus du Roi, par le produit immense des droits dont il est chargé, en tant de manieres & sous tant de noms ; enfin, c'est la boisson propre & habituelle de la nation: que de titres pour s'en occuper & pour tâcher de perfectionner la Fabrique de cette denrée, qui est la premiere, la plus précieuse, & la plus considérable de toutes nos Fabriques !

Voici les principes de cet Art.

Sans la fermentation, il est impossible de faire du Vin. *Premier principe.*

La fermentation doit agir sur toutes les parties du moût sans exception, pour donner le meilleur Vin, le Vin le plus vineux. *Second principe.*

Elle doit être simultanée, c'est-à-dire, que toutes les parties du moût doivent fermenter ensemble dans le moindre temps possible. *Troisiéme principe.*

Elle doit être grande, vigoureuse, forte & même violente pour se faire jour & s'établir dans toutes les parties du moût, surtout si les raisins sont verds. *Quatriéme principe.*

Pour rendre la fermentation violente, il faut y appliquer une chaleur artificielle, par le moyen de plusieurs chaudronnées de raisins bouillants, qu'on y mêle au commencement du travail, immédiatement après le foulage. *Cinquiéme principe.*

Il faut couvrir le vaisseau ou la cuve, pour conserver ou concentrer la chaleur qui doit opérer la fermentation la plus parfaite, & pour empêcher l'évaporation des esprits. *Sixiéme principe.*

Il ne faut pas qu'il y ait trop de vuide entre le marc & le couverceau, pour que les parties spiritueuses ne puissent s'élever au dessus du marc, & qu'elles restent dans le moût; ainsi il faut que la grandeur des cuves soit proportionnée à la quantité de la vendange. *Septiéme principe.*

Comme la rafle durcit le Vin & lui donne plus de grossiéreté, mais qu'en même temps elle excite la fermentation, & contribue en certains cas à améliorer les Vins foibles, le Vin doit être fait de raisins égrappés seulement aux trois quarts ou aux deux tiers. *Huitiéme principe.*

La fermentation est d'autant plus complette & meilleure, que la cuve est plus grande & plus épaisse, que la vendange est plus mûre & plus égale, qu'elle a été coupée en moins de temps, qu'il y a eu moins de raisins écrasés avant le parfait foulage, & que ce foulage a moins traîné en longueur. *Neuviéme principe.*

La fermentation, quelque complette qu'elle soit, ne passe jamais d'elle-même sans interruption, du premier au deuxiéme degré. *Dixiéme principe.*

Plus la fermentation est universelle dans toutes les parties du moût, & plus le Vin qui en est le produit, contient d'esprits. *Onziéme principe.*

En dispensant le marc & la grappe avec intelligence, en en mettant plus ou moins dans la cuve, les Vins seront plus ou moins rouges, plus ou moins grossiers, plus ou moins veloutés, & auront plus ou moins de corps, plus ou moins de finesse. *Douziéme principe.*

Plus le Vin contient d'esprits, & plus il est chaud ; plus il est chaud, & moins il est verd ou acide ; donc, plus on soutient, plus on presse la fermentation qui fait les esprits, & plus les Vins perdent de leur verdeur, & acquiérent toutes les qualités qui font les bons Vins. *Treiziéme principe.* (*)

Il ne faut ni mouiller ni rabattre le

(*) Il n'est personne qui n'apperçoive déjà les conséquences de ce principe, pour hâter en très peu de temps la maturité des Vins nouveaux, & rendre potables les

marc, mais plutôt le laisser s'échauffer & consommer la plus grande partie de son humidité. L'opération contraire réfroidiroit le moût, nuiroit à la fermentation & même à la teinture du Vin, parce que les particules colorantes se détachent d'autant moins spontanément de la pellicule du grain, que le marc est plus humide & moins chaud. *Quatorziéme principe.*

Le Vin est d'autant moins dur, plus coulant & moins indigeste, qu'il s'y trouve plus d'esprits, qu'il est plus chaud. *Quinziéme principe.*

Plus la fermentation a été entiere, universelle & complette dans son premier degré, plus les principes sont intimement unis, plus il a de corps, & plus il est de garde. *Seiziéme principe.*

Plus les raisins sont mûrs, sans être pourris, & plus ils sont disposés à la fermentation vineuse. *Dix-septiéme principe.*

Selon Mr. Macquer, on trouveroit les vrais principes de l'art de faire le Vin, par la solution du problême suivant,

---

Vins verds. On ne peut qu'engager Mr. Maupin à faire des expériences sur cet objet important, que j'ai promis, page 229. de traiter à fond dans l'Histoire Naturelle de la Vigne & des Vins.

déterminer à quel degré de chaleur, & pendant *combien de temps* la premiere fermentation sensible du moût, doit se faire pour obtenir le Vin le plus spiritueux & de la meilleure garde. Mais loin de redouter la chaleur naturelle, il faut l'augmenter par les chaudronnées bouillantes. A l'égard du temps, il convient de tirer le Vin de la cuve, lorsque la fermentation du Vin s'affoiblit sensiblement ; ce que l'on connoît lorsque l'on n'entend plus de mouvement dans le Vin, lorsque le marc baisse, lorsque la lumiere approchée du marc ne s'éteint point, enfin lorsqu'aulieu de la vapeur suffocante qui caractérise la fermentation spiritueuse le marc exhale une odeur douce, vineuse, & par conséquent moins pénétrante. *Dix-huitiéme principe.*

La différence des vignobles, des terres, des complants, &c. n'en met aucune dans les propriétés de la fermentation, & les mêmes opérations doivent donner les mêmes résultats. *Dernier principe.*

Tous ces principes de Mr. Maupin, semblent autant de *corollaires déduits de la théorie* que j'ai établie dans le dernier Chapitre : pour les appliquer à la pratique, il faut commencer par mettre dans la cuve un tiers ou un quart de la vendange, sans être égrappée. On égrappera le surplus dans des futailles. Si-tôt qu'on cessera de mettre dans la cuve, on foulera la vendange ; si elle est trop froide, on peut y verser plusieurs chaudronnées de raisins bouillants. Le foulage doit être le plus complet qu'il est possible. On pourroit même, si la vendange n'étoit pas mûre, la faire écraser sous le pressoir, & ensuite rapporter le marc & le moût dans la cuve ; par ce moyen le Vin auroit moins de verdeur & plus de couleur.

Immédiatement après le foulage, à l'exception des années chaudes & de pleine maturité, ce qui est très rare, on doit verser dans la cuve des chaudronnées de raisins bouillants, ordinairement deux seaux par muids, & même quatre, suivant la qualité des cepages & des vignobles, ou le degré de maturité des raisins. En mettant les chaudronnées avant la fermentation, & immédiatement après le foulage, il n'y a point à craindre qu'elles puissent donner au Vin aucun goût de feu, y eût-il un quart de la vendange en chaudronnées : on en peut voir les expériences dans Mr. Maupin.

Pour que le feu & la chaleur des chaudronnées ne s'évaporent point, il faut les introduire dans le moût, à l'aide d'un entonnoir de ferblanc ou de bois, dont la douille soit à peu près de la hauteur de la cuve; par ce moyen la chaleur se répand également dans le moût & dans le marc, & s'y conserve plus long-temps.

Par la même raison, on aura soin que le cellier ou fouloir soit bien clos, & que la cuve soit couverte d'un fond de paille de forme convexe : on laissera la cuve couverte pendant le temps de la fermentation, c'est-à-dire, jusqu'à ce qu'elle s'affoiblisse sensiblement, ce qui doit durer un, deux ou trois jours au plus, suivant les climats & les qualités de la vendange.

Si on ne trouve point au Vin, avant de l'entonner, assez de force & de couleur, on en versera & passera sur le marc, en assez grande quantité, pour emporter & précipiter dans le clair, toutes les parties spiritueuses & colorées, qui se trouveront engagées dans le marc, qui est dans ce moment le rapé le plus parfait & le plus efficace.

Cela fait, & après avoir tiré par une cannelle, le Vin dans des tonneaux, on portera le marc au pressoir; le Vin de pressurage étant moins clair & plus verd, que le premier, sera mis à part, sauf à les mêler ensemble par la suite, si on le juge à propos.

Les avantages de la bonification des Vins, qui résultent de la méthode ci-devant décrite, sont infinis, & intéressent le gouvernement.

1°. La liqueur sera plus agréable & plus propre à flatter le goût.

2°. Le Vin sera plus sain, plus coulant, moins indigeste & moins acide.

3°. Le Vin aura plus de corps, & se gardera plus long-temps, ce qui sauvera de grandes pertes aux propriétaires, aux Marchands & au Roi.

4°. L'amélioration du Vin occasionnera l'accroissement de la consommation, & par conséquent l'augmentation tant du commerce extérieur qu'intérieur des Vins. Plus les Vins seront parfaits, bien faisants & flatteurs, plus ils seront de débit.

5°. Les Vins mieux faits seront plus propres à souffrir le transport à l'étranger, & ils se releveront du discrédit dans lequel ils sont tombés.

6°. L'augmentation du commerce entraînera celle de la culture de la Vigne, cette source féconde de population & de richesses pour le Prince & pour la nation.

7°. Enfin, ce qui doit fixer par dessus tout, l'attention du Public & du Gouvernement, c'est le rapport qu'a l'amélioration des Vins avec la santé & la conservation des Citoyens ; c'est la propriété qu'elle a de convertir en Vins bienfaisants, des Vins qui jusqu'à présent, n'ont été que mal sains & destructeurs, tels que les Vins froids & épais, & sur-tout les Vins marqués de beaucoup de verdeur.

Ces derniers, beaucoup plus pernicieux encore que les fruits les plus verds, sont tout le contraire de ce qu'ils devroient être comme Vins ; ils sont aqueux, cruds, froids à l'estomac, maigres, grossiers, indigestes ; leurs acides, dont une grande partie, faute de maturité ou d'une suffisante fermentation qui n'est point combinée, sont presque entiérement à nud dans la liqueur, & ajoutent aux autres défauts de ces Vins, une sorte de causticité, qui en les rendant mordans, en augmente encore la mal-faisance : la verdeur des Vins, occasionne, de l'aveu de tous les Médecins, des crudités, des aigreurs, *des mauvaises digestions* (& c'est tout dire) des tranchées, des cardialgies, des maux de toute espece. C'est l'une des principales causes de la maladie cruelle, connue sous le nom de *colique de Poitou* : c'est aussi l'une des principales causes de la destruction de nos armées en Allemagne, &c. C'est donc rendre un service à l'humanité entiere, que d'enseigner l'art de rendre les Vins salubres, bienfaisants, nourrissants, plus flatteurs au goût, & d'une garde plus sûre.

Cette analyse, quoique fort abrégée, contient l'ouvrage entier de Mr. Maupin, qui me pardonnera, sans doute, d'avoir employé son témoignage & ses recherches, au soutien & à l'éclaircissement de ma théorie sur les Vins.

APPROBATION.

J'AI lû par ordre de Monseigneur le Chancelier, un Manuscrit intitulé ; *Œnologie ou discours sur la meilleure méthode de faire le Vin & de cultiver la Vigne*, par Mr. *Beguillet*: il est si avantageux à la France, qu'on travaille à perfectionner la culture de ses Vignes, & qu'on s'occupe de la meilleure façon d'y faire ses Vins ; que l'impression de ce Discours ne peut que concourir au bien public & particulier du Royaume. A Dijon le 20 Décembre 1769. MICHAULT.

www.ingramcontent.com/pod-product-compliance
Lightning Source LLC
Chambersburg PA
CBHW060403170426
43199CB00013B/1988